机械工人
识图与绘图
一本通

孙凤翔　主编

化学工业出版社
·北京·

内 容 简 介

本书分为 9 章,介绍了有关制图与识图的基础知识,图样的表达方法,常用标准件和常用件的绘制与标记方法,基准的选择和图样的标注方法,并分别对机械零件图、机械装配图、钣金展开图、焊接图及管路图等与机械工人相关的图样进行了适度讲解,以满足读者的实操需求。本书将识图与绘图的理论与实践有机地结合在一起,使读者在学习的过程中能够抓住重点、掌握技巧。

本书可供一线机械工人学习、查阅,也可作为相关院校机械类及近机类专业师生的参考用书,还可供相关培训机构作为辅助教材。

图书在版编目(CIP)数据

机械工人识图与绘图一本通/孙凤翔主编. —北京:
化学工业出版社,2022.7
ISBN 978-7-122-41184-6

Ⅰ.①机⋯ Ⅱ.①孙⋯ Ⅲ.①机械图-识图-基本知识②机械制图-基本知识 Ⅳ.①TH126

中国版本图书馆 CIP 数据核字(2022)第 059568 号

责任编辑:张燕文 张兴辉 装帧设计:王晓宇
责任校对:赵懿桐

出版发行:化学工业出版社(北京市东城区青年湖南街 13 号 邮政编码 100011)
印 装:三河市延风印装有限公司
787mm×1092mm 1/16 印张 11¼ 字数 271 千字 2022 年 8 月北京第 1 版第 1 次印刷

购书咨询:010-64518888 售后服务:010-64518899
网 址:http://www.cip.com.cn
凡购买本书,如有缺损质量问题,本社销售中心负责调换。

定 价:69.80 元

前言

　　顺利识读图样是现代优秀机械工人的必备技能，而要准确表达技术革新的意图，则必须学会图样的绘制方法。本书以"知识够用，应用为主"为宗旨，帮助读者尽快掌握图样的识读与绘制技巧。

　　本书分为9章：第1章介绍了有关制图与识图的基本知识，包括国家标准的有关规定，常用几何作图方法，三视图的形成，线面分析等内容，使读者对识图与绘图有一个整体了解，并掌握基本的理论知识；第2章介绍了图样的表达方法，包括基本视图、向视图、局部视图、斜视图、全剖视图、半剖视图、局部剖视图、移出断面图、重合断面图、局部放大图、轴测图以及常用的规定画法与简化画法等内容，使读者通过学习，能够掌握识图与绘图的基本方法，为进一步深入学习打下基础；第3章介绍了常用标准件和常用件的绘制与标记方法，包括螺纹、齿轮、蜗杆和蜗轮、键、销、滚动轴承及弹簧的正确画法与标记方法，以便使读者能够准确识读与绘制图样，做好细节处理；第4章介绍了基准的选择和图样的标注方法，包括基准的选择方法，尺寸标注注意事项，公差与配合的概念，表面粗糙度种类与注写方法，热处理技术要求的准确表达等，以便读者完善识图与绘图的基本技能；第5章至第9章分别对机械零件图、机械装配图、钣金展开图、焊接图及管路图等与机械工人相关的图样进行了细致讲解，以满足读者的实操需求。

　　本书打破了一般制图类图书循序渐进的编排模式，对图书内容进行了仔细斟酌，将常用而常常不易在同一本书中出现的内容进行了适当汇总并合理安排，使读者通过一本书就可以掌握生产实际中所需的必备知识与基本技能，力求满足读者的实际工作需要。

　　本书在介绍机械工人识图与绘图基本理论与实操方法的同时，注重理论联系实际，精选实例，帮助读者更容易掌握书中涉及的各方面知识与技巧。另外，还对实际应用过程中可能会遇到的问题进行了适度的知识拓展，使读者在识图与绘图时更能游刃有余，少走弯路。

　　本书针对机械工人绘图与识图所需的必备知识进行了适度讲解，省去了实际工作中不常接触的一些内容，使读者更能有的放矢地自主学习。有关制图与识图的内容很多，在一本书中不加区分地面面俱到，往往会使读者产生无从下手的感觉，而本书的适当留白，恰恰给了读者消化吸收的时间和空间。同时，本书还具有一定的提示作用，在实际操作过程中如果遇到一些更深层次的问题，可以依据本书的内容，查阅相关的其他图书，进一步满足实际需要。

　　本书可供一线机械工人学习、查阅，也可作为相关院校机械类及近机类专业师生的参考用书，还可供相关培训机构作为辅助教材。

　　本书由孙凤翔担任主编，王冠中、郝文胜担任副主编，刘航、于淼、朱瑞景、高建芳、谢贵真、孙昀、于波、孙钲媛参加了编写工作。

　　由于水平所限，书中不当之处在所难免，敬请读者批评指教。

编　者

目录

第1章 制图与识图基础知识

1.1 《机械制图》国家标准的基本规定

机械图样是指导加工生产的必不可少的技术文件，也是机械设备的档案。国家标准对其图纸幅面和格式、比例、字体、尺寸标注和图线等，作出了统一规定，绘图时必须严格执行国家标准。

(1) 图纸幅面及格式

① 图纸基本幅面 优先选用表 1-1 所列的五种基本幅面，分别用 A0、A1、A2、A3、A4 表示，必要时允许加长幅面（可查相关标准）。

表 1-1 基本幅面尺寸

幅面代号	A0	A1	A2	A3	A4
$B \times L$	841×1189	594×841	420×594	297×420	210×297
a			25		
c		10		5	
e		20		10	

② 图框格式及尺寸 图纸上，必须用粗实线画出图框，其格式有两种，留装订边和不留装订边，如图 1-1 所示。

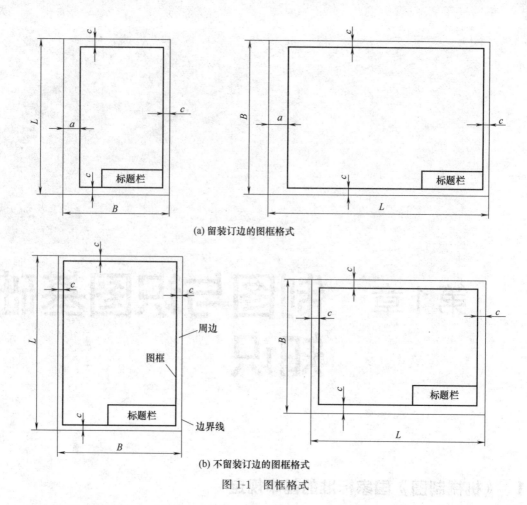

(a) 留装订边的图框格式

(b) 不留装订边的图框格式

图 1-1　图框格式

③ 标题栏和明细栏　图样的右下方应设置标题栏，如图 1-2 所示；若是装配图还要设置明细栏，如图 1-3 所示。其格式及尺寸，国家标准均作了明确规定。

提示

实际生产中，可根据具体情况，参照标准拟定标题栏。

图 1-2　国家标准规定的标题栏格式

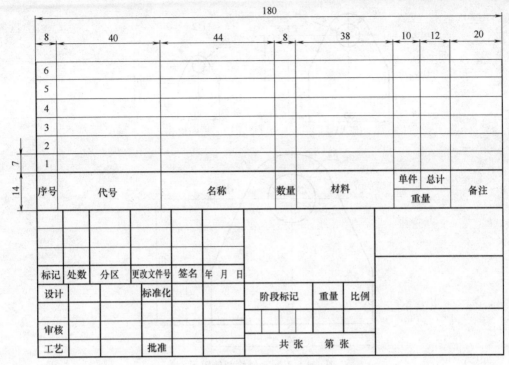

图 1-3 装配图明细栏设置在标题栏上方

（2）比例

比例是图样中的图形与所反映的实物中相应要素的线性尺寸之比（不是面积之比）。比例不能随意设置，国家标准规定了放大比例和缩小比例，见表 1-2。必要时，允许选择不常用的带括号的比例。

表 1-2 绘图比例

种类	比例
原值比例	$1:1$
放大比例	$2:1,5:1,1\times10n:1,2\times10n:1,5\times10n:1(2.5\times10n:1,4\times10n:1)$
缩小比例	$1:2,1:5,1:1\times10n,1:2\times10n,1:5\times10n,(1:1.5),(1:2.5),(1:3),(1:4),(1:6),(1:1.5\times10n),(1:2.5\times10n),(1:3\times10n),(1:4\times10n),(1:6\times10n)$

注：n 为正整数。

注意，图样无论放大还是缩小，都是为了加工方便，所标注的尺寸数值必须是指机件的实际大小。图 1-4 所示为不同比例绘制的图形。

（3）字体

图样中的字体书写应避免潦草，必须做到：字体工整、笔画清楚、间隔均匀、排列整齐。

① 汉字 应书写成长仿宋体，并应采用国家正式公布推行的简化字。字体的高度用 h 表示。其公称尺寸系列为：1.8mm、2.5mm、3.5mm、5mm、7mm、10mm、14mm、20mm。字体的高度代表字体的号数。字体大小应按字号规定，其字宽约为 $h/\sqrt{2}$。字母和数字分 A 型和 B 型，A 型字体的笔画宽度为字高的 1/14；B 型字体的笔画宽度为字高的

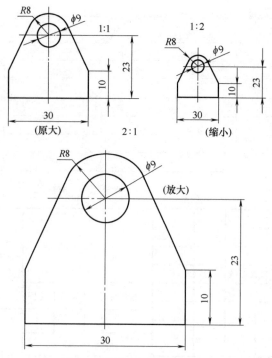

图 1-4　不同比例绘制的图形

1/10。在同一图样上，只允许选用一种形式的字体。

② 字母和数字　可以写成正体或斜体，斜体字头向右倾斜且与水平基准倾斜成 75°。用作指数、分数、极限偏差、注脚等的数字，要采用小一号的字体。

（4）尺寸标注

图形可以表达零件的结构形状，而其准确大小则通过标注尺寸来确定。国家标准规定了标注尺寸的一系列规则和方法，绘图时必须遵守。

① 基本规定

a. 图样中的线性尺寸，以 mm 为单位时，不需注明计量单位代号或名称。若采用其他单位，则必须标注相应的计量单位代号或名称。

b. 图样中所标注的尺寸数值是零件的真实大小，与图形比例以及绘图的准确度无关。

c. 零件的每一尺寸，在图样中一般只标注一次。

d. 图样中所标注的尺寸，是该零件最后完工尺寸，否则应另加说明。

e. 在保证不引起误解时，可简化标注。

② 尺寸要素　一个完整的尺寸，包括以下四个尺寸要素（图 1-5）。

a. 尺寸界线　用来表示所标注尺寸的起始和终止位置，表达尺寸的度量范围。

尺寸界线用细实线绘制，尺寸界线一般自图形轮廓线、轴线或对称中心线引出，超出尺寸线终端 2～3mm。也可直接用轮廓线、轴线、对称中心线代替尺寸界线。线性尺寸的尺寸界线一般与所注的线段垂直，必要时，允许倾斜，但两尺寸界线仍然相互平行。角度的尺寸界线应沿径向引出，弦长及弧长的尺寸界线应平行于弦的垂直平分线。

b. 尺寸线　用细实线绘制在尺寸界线之间，要与被度量的线段平行，用来表示尺寸度

004

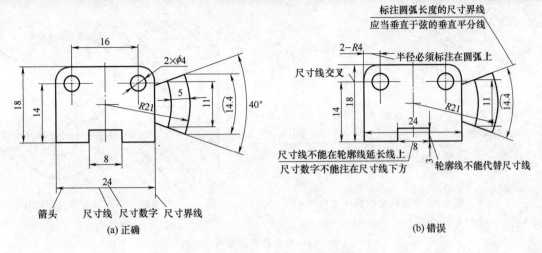

(a) 正确　　　　　　　　　　　　　　　(b) 错误

图 1-5　尺寸标注

量的方向。尺寸线必须单独画出，不能与图线重合或在其延长线上。应避免尺寸线及尺寸界线交叉。

相同方向的尺寸线应平行，且间隔要均匀，为便于标注尺寸数字及符号，间距应大于7mm。标注角度或弧长时，尺寸线应画成相应的圆弧线，圆心是该角的顶点，尺寸线不得用其他图线代替。

c. 尺寸线终端　有两种形式，即箭头和斜线。箭头（图 1-6）适用于各类图形，箭头宽度应等于图形中可见轮廓线的宽度 d，长度约 5mm。箭头尖端应与尺寸界线接触，不得超出也不得留空。要避免画成拙劣箭头（图 1-7）。

建筑制图常用细 45°斜线作为尺寸线终端，同一图样只能采用一种尺寸线终端形式。

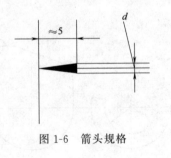

图 1-6　箭头规格

图 1-7　拙劣箭头

d. 尺寸数字　表达尺寸的大小（一般以 mm 为单位），同一图样中的尺寸数字大小应一致。线性尺寸数字一般注写在尺寸线的上方、垂直尺寸线的左方以及倾斜尺寸线的偏上方，也允许注写在尺寸线的中断处，如图 1-8（a）所示。为避免误会，应尽量不要在与垂直线成30°的范围内标注尺寸，当与垂直线成 30°的范围内需要标注尺寸时，可采取图 1-8（b）所示的方式标注，如两个尺寸 9，采取引出标注的形式。对非水平方向的尺寸，其数字可水平标注，如图 1-8（b）所示的尺寸 31、29，但机械图样上较少采用这种注法。

注意，尺寸数字不允许被任何图线穿过，否则，应将图线断开，如图 1-9 所示。

③ 常用符号及缩写　见表 1-3。

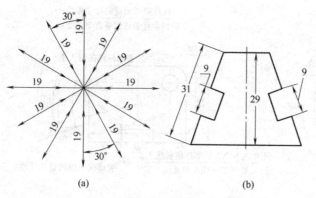

(a)

(b)

图 1-8　线性尺寸的标注方向

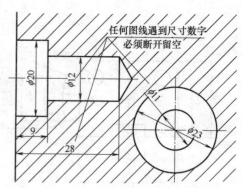

图 1-9　尺寸数字不允许被任何图线穿过

表 1-3　常用符号及缩写

名称	符号或缩写字母	名称	符号或缩写字母
直径	ϕ	正方形	□
半径	R	45°倒角	C
球直径	$S\phi$	深度	▼
球半径	SR	沉孔或锪平	⊔
厚度	t	均布	EQS

④ 尺寸标注示例

a. 角度尺寸数字一律水平书写，如图 1-10 所示。

b. 大于半圆的轮廓线，必须标注直径，而不允许标注半径；等于或小于半圆的轮廓线，必须标注半径，如图 1-11 所示。

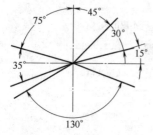

图 1-10　角度标注示例

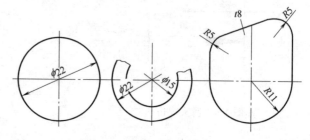

图 1-11　直径、半径标注示例

c. 连续的小尺寸，不便于画箭头时，可用圆点或斜线代替箭头，如图 1-12 所示。

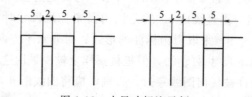

图 1-12　小尺寸标注示例

(5) 图线

国家标准对工程图样中的各种图线规格和用法作了规定，绘图、识图时必须严格遵守。

① 粗实线 ——————— 线宽 $d \approx 0.5 \sim 2mm$（可见轮廓线）；

② 虚线 - - - - - - - - 线宽 $d/2$（不可见轮廓线）；

③ 细实线 ——————— 线宽 $d/2$（尺寸线、剖面线等）；

④ 点画线 ——————— 线宽 $d/2$（轴线、对称中心线）；

⑤ 双点画线 ——·—·—— 线宽约 $d/2$（相邻辅助零件、运动极限位置轮廓线）；

⑥ 波浪线 ⌒⌒ 线宽约 $d/2$（断裂处的边界线）；

⑦ 粗虚线 - - - - - - - 线宽 d（表面处理表示线）；

⑧ 粗点画线 ——————— 线宽 d（限定范围表示线）；

⑨ 双折线 ——∨——∨—— 线宽约 $d/2$（断裂处的边界线）。

图线的应用示例如图 1-13 所示。

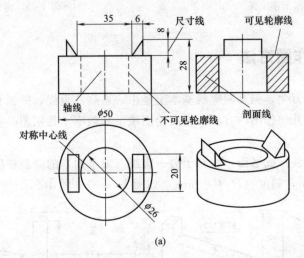

(a)

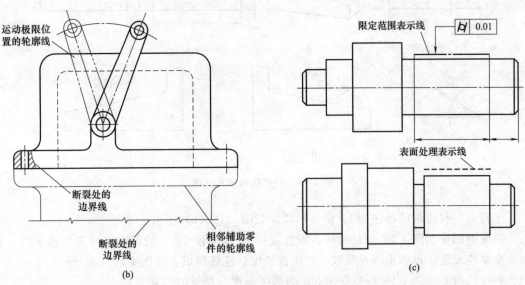

(b)　　　　　　　　　　　(c)

图 1-13　图线的应用示例

两点画线相交时，不能以点相交，不能留空，如图 1-14 所示。当虚线处于粗实线的延长线时，虚线应留空；但虚线圆弧与直线相切时，虚线圆弧应画到切点，如图 1-15 所示。此外，点画线不可出头过长，且不应以点结束。

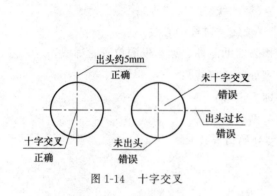

图 1-14　十字交叉

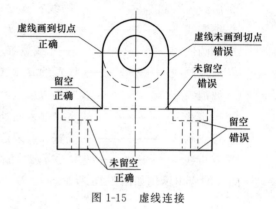

图 1-15　虚线连接

1.2　常用几何作图方法

机件的形状千变万化，但其轮廓线基本上是由一系列的直线、圆弧和曲线组成的几何图形。熟练掌握和运用几何作图的方法，提高绘图质量和效率，是制图必备的技能。

(1) 斜度和锥度

①斜度　指一直线（或平面）相对于另一直线（或平面）的倾斜程度。其大小用两直线（或平面）的正切表示，斜度＝H/L＝$\tan\alpha$，如图 1-16（a）所示。

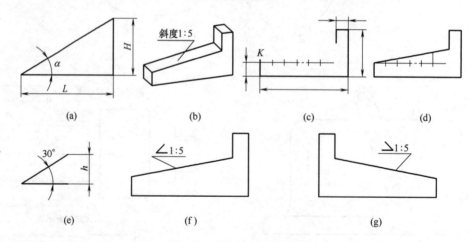

图 1-16　斜度的画法及标注

工程上一般将斜度标注为 1：n 的形式，如图 1-16（b）所示。

斜度的画法如图 1-16（c）所示，若过定点 K 作斜度 1：5 的斜线，可先作水平线，截取 5 个单位长度，再作垂线并截取 1 个单位长度，连线即成，如图 1-16（d）所示。

斜度的符号如图 1-16（e）所示，h 为数字高度，符号的线宽为 $h/10$。

斜度的标注如图 1-16（f）、（g）所示，应特别注意，斜度符号的方向应与斜度线方向一致。

② 锥度　指正圆锥底圆直径 D 与其高度 L 之比。对于圆锥台，其锥度为两底圆直径之差与高度之比。锥度 $=D/L=(D-d)/l$，如图 1-17（a）所示。

工程上一般将锥度标注为 $1:n$ 的形式。

锥度的符号如图 1-17（b）所示，锥度符号的方向应与锥度线方向一致。

锥度的标注如图 1-17（c）所示。

过一定点作锥度 $1:2$ 的轮廓线，可在轴线处，先作一底圆直径为 10、长度为 20 的辅助锥形，再作锥度线的平行线即成，如图 1-17（d）、（e）所示。

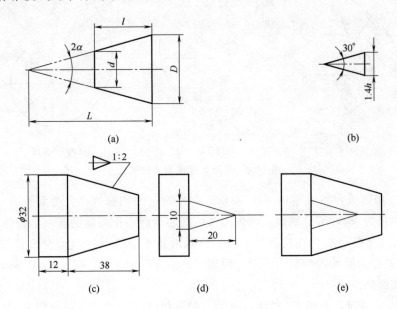

图 1-17　锥度的画法及标注

（2）圆弧连接

绘制机件轮廓时，经常遇到用已知半径的圆弧光滑地连接两已知线段（直线或圆弧）的作图，称为圆弧连接。圆弧连接可归结为以下三种类型。

① 用圆弧连接两已知直线　如图 1-18 所示，两直线呈锐角、钝角时，可分别作两已知直线的平行线（距离为连接圆弧半径），其交点 O 定为连接圆弧的圆心；从 O 点向两直线分别作垂线，两垂足即为两切点；以 O 为圆心，R 为半径，在两切点之间画出连接弧，如图 1-18（a）、（b）所示。

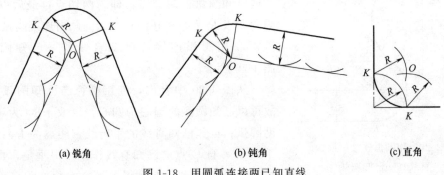

图 1-18　用圆弧连接两已知直线

两直线呈直角时，作图便简单了。可以两直线的交点为圆心，以 R 为半径画圆弧，与两直线的两交点即为两切点；分别以两切点为圆心，以 R 为半径画两圆弧得交点 O，即为连接弧的圆心，以 O 为圆心，以 R 为半径，在两切点之间画出连接弧。

② 用圆弧连接两已知圆弧　如图 1-19 所示。

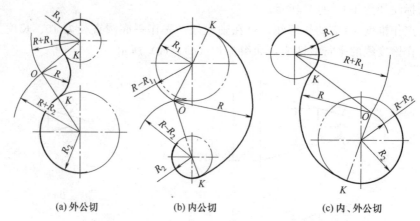

(a) 外公切　　　　(b) 内公切　　　　(c) 内、外公切

图 1-19　用圆弧连接两已知圆弧

a. 画外公切圆弧：如图 1-19（a）所示，如作两已知圆弧（半径分别为 R_1、R_2）的外公切圆弧（半径为 R），可分别以两已知圆弧的圆心为圆心作两辅助圆（半径分别为 $R+R_1$ 和 $R+R_2$），其交点 O 即为连接圆弧的圆心；画两条连心线（过 O 点分别连接两已知圆弧的圆心），与两已知圆弧得两交点，即为两切点；最后以 O 点为圆心，以 R 为半径在两切点之间画出连接圆弧。

b. 画内公切圆弧：如图 1-19（b）所示，如作两已知圆弧（半径分别为 R_1、R_2）的内公切圆弧（半径为 R），可分别以两已知圆弧的圆心为圆心作两辅助圆（半径分别为 $R-R_1$ 和 $R-R_2$），其交点 O 即为连接圆弧的圆心；画两条连心线（过 O 点分别连接两已知圆弧的圆心）并延长，与两已知圆弧得两交点，即为两切点；最后以 O 点为圆心，以 R 为半径在两切点之间画出连接圆弧。

c. 画内、外公切圆弧：如图 1-19（c）所示，如作两已知圆弧（半径分别为 R_1、R_2）的内、外公切圆弧（半径为 R），可分别以两已知圆弧的圆心为圆心作两辅助圆（半径分别为 $R+R_1$ 和 $R-R_2$），其交点 O 即为连接圆弧的圆心；画两条连心线（过 O 点分别连接两已知圆弧的圆心），与两已知圆弧得两交点，即为两切点；最后以 O 点为圆心，以 R 为半径在两切点之间画出连接圆弧。

③ 用圆弧连接一已知直线和一已知圆弧　如图 1-20 所示。

从图 1-20 中看出，连接圆弧与已知圆弧呈外切，故可以已知圆弧的圆心为圆心，以 $R+R_1$ 为半径画辅助圆弧；再作已知直线的平行线（距离为 R）；两者交于 O 点，自 O 点向已知直线作垂线得垂足，再画连心线（连接 O 点和已知圆弧的圆心）得交点；最后以 O

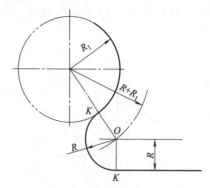

图 1-20　用圆弧连接一已知直线和一已知圆弧

点为圆心，以 R 为半径在两切点之间画出连接圆弧。

 知识拓展

三步作图法

绘制平面图形时，先画哪条线，后画哪条线（特别是圆弧线），是有一定规律可循的。如图 1-21 所示。

第一步：先画"已知圆弧"，即半径确定、圆心确定（平面上确定圆心的位置，需 X、Y 两个坐标方位尺寸，即长度、宽度尺寸），如图中的 R10、R15 两段圆弧（Y 方位尺寸为零）。

第二步：再画"中间圆弧"，即半径确定、圆心位置缺少一个定位尺寸，如图中的 R50（长度方位尺寸未确定），宽度方位尺寸可根据右端的 ϕ30 核算出。

第三步：最后画"连接圆弧"，即半径确定、圆心未确定（即缺少长度、宽度两个定位尺寸），如图中的 R12。

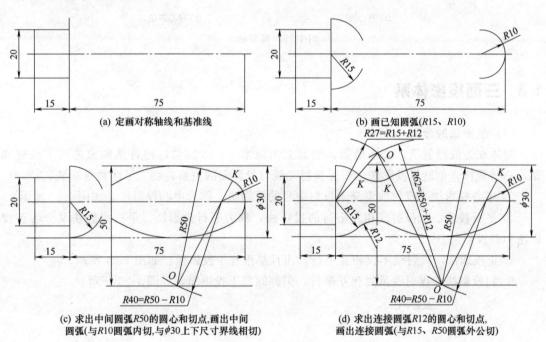

(a) 定画对称轴线和基准线　　(b) 画已知圆弧(R15、R10)

(c) 求出中间圆弧R50的圆心和切点,画出中间圆弧(与R10圆弧内切,与ϕ30上下尺寸界线相切)　　(d) 求出连接圆弧R12的圆心和切点,画出连接圆弧(与R15、R50圆弧外公切)

图 1-21　三步作图法

(3) 椭圆画法

① 四心圆法　即求得四个圆心，画四段圆弧，近似代替椭圆。

图 1-22（a）所示为四心圆法：以 O 点为圆心，以 OA 为半径画圆弧与短轴的延长线交于 E 点，再以 D 点为圆心，以 DE 为半径画圆弧与 AD 交于 F 点；作 AF 线的垂直平法线与长轴 AB 交于 1 点，与短轴 CD 的延长线交于 2 点；求得 1、2 两点的对称点 3、4，并连线（这就是四个圆心）；以 2 点为圆心，以 2-D 为半径在 1-2 线和 2-3 线之间画圆弧，同理，以 4 点为圆心，以 4-C(＝2-D) 长度为半径在 1-4 线和 4-3 线之间画圆弧；最后分别以 1 和

3 为圆心，以 1-*A* 和 3-*B* 为半径画出两段圆弧（与前两段大圆弧相切）即成。

② 同心圆法　即以长、短轴为直径画两个同心圆，求得椭圆上的数点，依次连接成曲线。

图 1-22（b）所示为同心圆法：以长、短轴为直径画两个同心圆，将两圆十二等分（其他等分也可）；过各等分点作垂线和水平线，得八个交点（1、2、3、4、5、6、7、8）；用曲线板依次连接 *A*、1、2、*D*、3、4、*B*、5、6、*C*、7、8、*A* 成曲线即成。

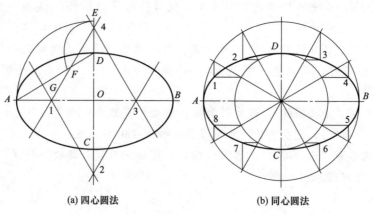

(a) 四心圆法　　　　　　　(b) 同心圆法

图 1-22　椭圆画法

1.3　三面投影体系

(1) 投影法的分类

物体在光线照射下，会在地面、墙面上出现影子，人们对这种自然现象进行了研究抽象，总结规律，创造了投影法。按照投射光线与投影面的关系，创立了两种投影法。

① 中心投影法　投射线汇交于投射中心的投影法，称为中心投影法，如图 1-23 所示。

② 平行投影法　投射线相互平行的投影法，称为平行投影法。平行投影法又分为正投影法和斜投影法。

a. 正投影法　投射线不仅相互平行，而且都垂直于投影面，如图 1-24 所示。

b. 斜投影法　投射线虽然相互平行，但都倾斜于投影面，如图 1-25 所示。

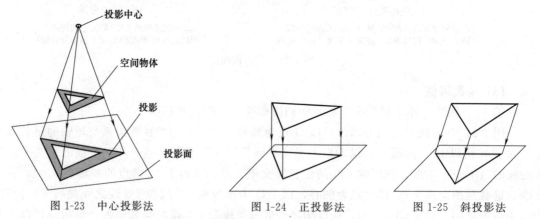

图 1-23　中心投影法　　　　图 1-24　正投影法　　　　图 1-25　斜投影法

（2）正投影的基本特性

① 显实性：当空间直线或平面平行于投影面时，其投影反映实长或实形。

② 积聚性：当空间直线或平面垂直于投影面时，其投影积聚成一点或一线。

③ 类似性：当空间直线或平面倾斜于投影面时，其投影为缩短的直线或面积缩小的类似形。

如图 1-26 所示，AC 平行于投影面，其投影 ac 反映实长（显实性）；AB 垂直于投影面，其投影积聚成一点（积聚性）；CD 倾斜于投影面，其投影为缩短的直线 cd（类似性）。

立体的顶面（$ACFGHKA$ 平面）平行于投影面，其投影（$acfghka$ 线框）反映顶面实形（显实性）；立体的三角形平面（EFG 平面）垂直于投影面，其投影积聚成直线 fg（e）（积聚性）；立体的斜面（$CDEF$ 面）倾斜于投影面，其投影为面积缩小的类似形（类似性）。

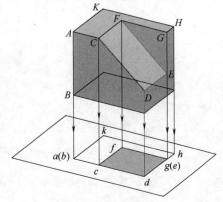

图 1-26　正投影特性

（3）三视图的形成

工程图样是根据正投影法绘制的，由于人们通常是看着实物绘图的，因此把正投影法绘制的图样称为"视图"。

虽然，空间实体的单向投影是唯一的，如图 1-27 所示，是实体的单向视图，但是，只根据一个视图往往确定不了空间实体的结构形状，如图 1-28 所示，根据一个视图可以想象出三种甚至更多的立体形象。所以，仅用一个视图是不够的，因此，国家标准设立了三个相互垂直的投影面，分别称为正立投影面、水平投影面和侧立投影面（简称正面、水平面、侧面），形成了三面投影体系，如图 1-29 所示。

将零件放在三面投影体系中，分别从正前方、正上方、正左方照射物体，就会分别在三个投影面上得到三个不同方向的映像，如图 1-30 所示。

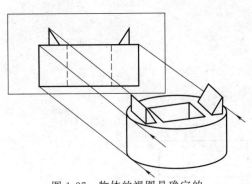

图 1-27　物体的视图是确定的

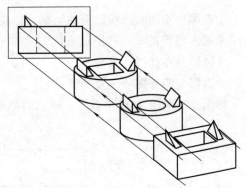

图 1-28　一个视图可以想象出不同物体

为了能在一个平面上表达三个映像，国家标准规定，正立投影面不动，水平投影面向下旋转 90°，侧立投影面向右旋转 90°，这样就能把三个投影图画在一张图纸上了。规定正立投影面代号为 V，水平投影面代号为 H，侧立投影面代号为 W，如图 1-31 所示。

从正前方照射物体而在正立投影面上得到的投影图称为主视图；从正上方照射物体而在水平投影面上得到的投影图称为俯视图；从正左方照射物体而在侧立投影面上得到的投影图称为左视图。三视图的位置如图 1-32 所示。

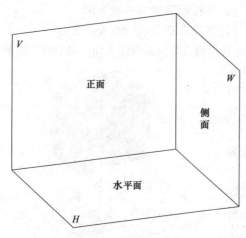

图 1-29 三面投影体系

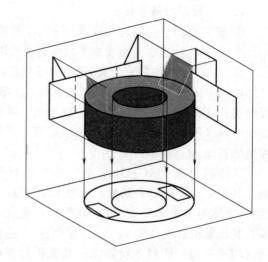

图 1-30 三个不同方向的映像

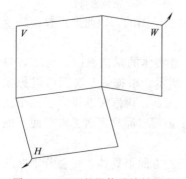

图 1-31 三面投影体系旋转规定

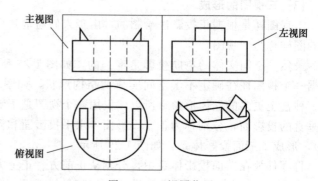

图 1-32 三视图位置

生产图样不用画出投影面的边框，但应严格注意：

主视图与俯视图——长对正；

主视图与左视图——高平齐；

左视图与俯视图——宽相等。

如图 1-33 所示，这是看图、画图的基本原理，应高度重视。

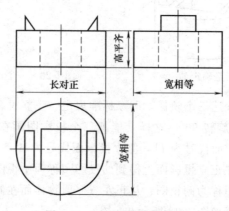

图 1-33 三视图的投影关系

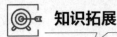

知识拓展

第一、三角投影法标识符

美国、日本、新加坡等国家的绘图、看图规则，采用第三角投影法，即将零件置于投影面的后方，观察者的视线是穿过投影面，再看到实物，如图 1-34 所示。

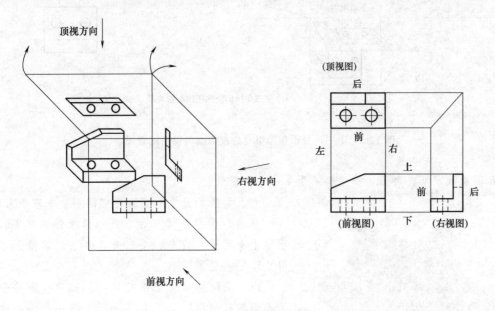

图 1-34　第三角投影法

ISO 国际标准化组织对第一角投影法和第三角投影法的视图配置规定如图 1-35 所示。

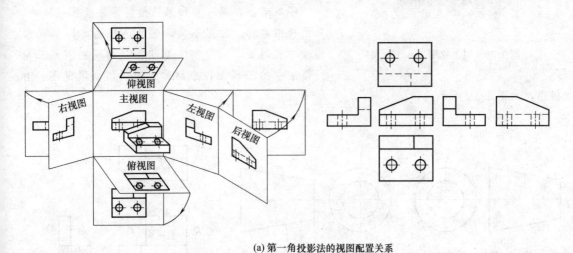

(a) 第一角投影法的视图配置关系

图 1-35

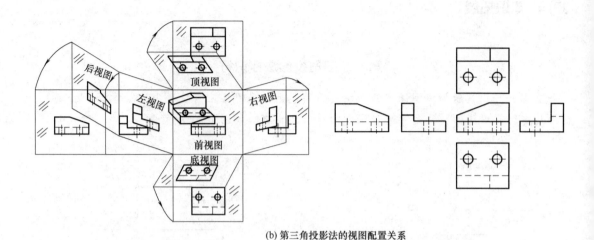

(b) 第三角投影法的视图配置关系

图 1-35 第一角投影法和第三角投影法的视图配置规定

我国及俄罗斯、英国、德国等采用第一角投影法。

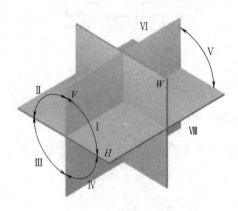

图 1-36 四个象限、八个分角

相互垂直的三个投影面将空间划分成四个象限、八个分角,如图 1-36 所示。第一角投影法把零件置于第 I 象限进行投影,第三角投影法把零件置于第 Ⅲ 象限进行投影。

ISO 国际标准化组织对第一、三角投影法规定了不同的标识符,如图 1-37 所示。第一角投影法无需标注,第三角投影法应在标题栏中加注第三角投影法标识符。

不难看出,第一角和第三角投影原理是一致的,只是视图名称、位置不同,但各个视图之间都必须遵循"长对正、高平齐、宽相等"的规则。第三角投影法中的三视图,分别称为前视图、顶视图、右视图,如图 1-38 所示。

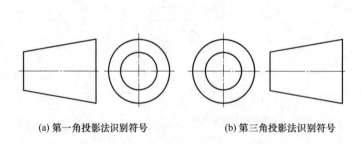

(a) 第一角投影法识别符号　　　(b) 第三角投影法识别符号

图 1-37 第一、三角投影法标识符

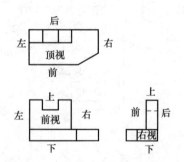

图 1-38 前视图、顶视图、右视图

1.4 线面分析

(1) 空间直线相对于投影面的位置

① 一般位置直线　与三个投影面都倾斜，如图 1-39 所示。

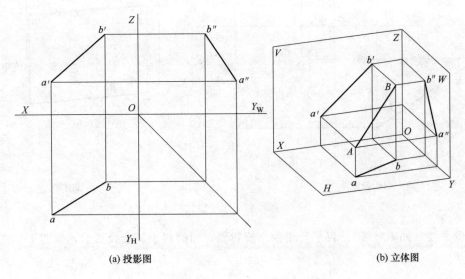

(a) 投影图　　　　　　　　　(b) 立体图

图 1-39　一般位置直线

② 投影面的平行线　仅平行于一个投影面，而倾斜于其余投影面，可再分为以下三种。

a. 正平线（如 CD 线）：仅平行于正立投影面，而倾斜于其余投影面，如图 1-40 所示。

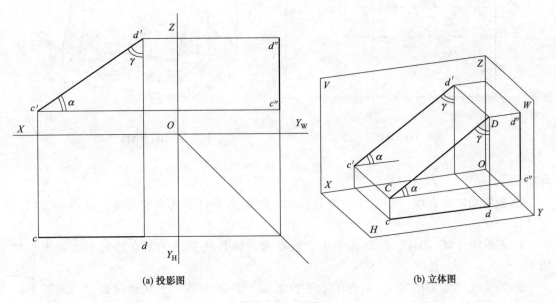

(a) 投影图　　　　　　　　　(b) 立体图

图 1-40　正平线

b. 水平线（如 AB 线）：仅平行于水平投影面，而倾斜于其余投影面，如图 1-41 所示。

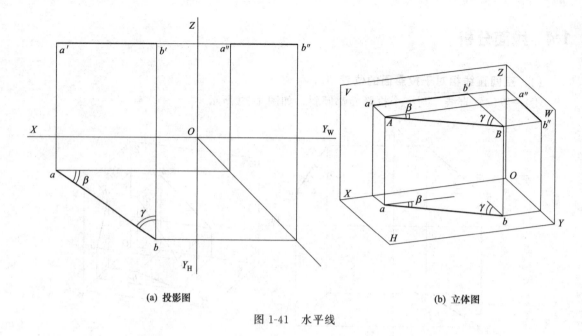

(a) 投影图	(b) 立体图

图 1-41　水平线

c. 侧平线（如 EF 线）：仅平行于侧立投影面，而倾斜于其余投影面，如图 1-42 所示。

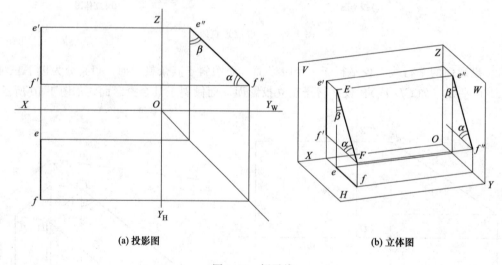

(a) 投影图	(b) 立体图

图 1-42　侧平线

③ 投影面的垂直线　垂直于一个投影面，而必然平行于其余投影面。可再分为以下三种。

a. 正垂线（如 AB 线）：垂直于正立投影面，而必然平行于其余投影面，如图 1-43 所示。

b. 铅垂线（如 CD 线）：垂直于水平投影面，而必然平行于其余投影面，如图 1-44 所示。

c. 侧垂线（如 EF 线）：垂直于侧立投影面，而必然平行于其余投影面，如图 1-45 所示。

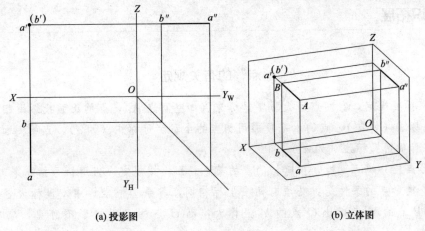

(a) 投影图　　　　　　　　　(b) 立体图

图 1-43　正垂线

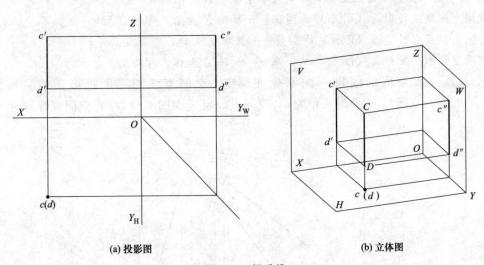

(a) 投影图　　　　　　　　　(b) 立体图

图 1-44　铅垂线

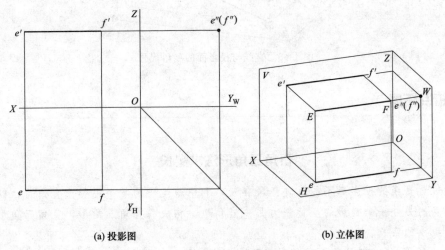

(a) 投影图　　　　　　　　　(b) 立体图

图 1-45　侧垂线

"点"的有关规定

• 国家标准规定，空间点用大写字母标注（如空间点 A），点的正面投影用相应的小写字母加一撇标注（如 a'），点的水平投影用相应的小写字母标注（如 a），点的侧面投影用相应的小写字母加两撇标注（如 a''）。

• 重影点应分辨可见性，被遮挡的点的某个投影，按规定应当用括号括起来。

• 两个重影点的条件是：必须有两个坐标相同，其余那个坐标中，坐标大者，投影可见。例如，B 点的 Y 坐标比 C 点的 Y 坐标大，则 C 点的正面投影不可见，应用括号括起来。

• 对于点的坐标的空间意义，一定要融会贯通：

空间点到侧立投影面（W 面）的距离——反映 X 坐标，即长度尺寸；

空间点到正立投影面（V 面）的距离——反映 Y 坐标，即宽度尺寸；

空间点到水平投影面（H 面）的距离——反映 Z 坐标，即高度尺寸。

④ 直线与投影面的倾角　国家标准规定，空间直线与三个投影面的夹角代号（图 1-46）：空间直线与 H 面的夹角为 α；空间直线与 V 面的夹角为 β；空间直线与 W 面的夹角为 γ。

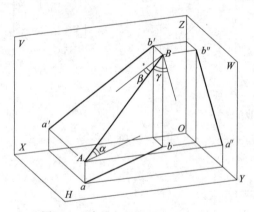

图 1-46　直线与投影面的夹角代号

直角三角形法求实长

一般位置直线的投影都不能反映线段实长，利用该线段的某个投影为直角边，以该线段的两个端点的另外一个投影的坐标差为另一直角边，构成一直角三角形，直角三角形的斜边即反映该线段的实长。

如图 1-47 所示，空间直角三角形 ABA_Z，AB 斜边反映实长，AA_Z 直角边反映空间直线的水平投影长度，BA_Z 直角边等于空间直线两端点的正面投影 a'、b' 的坐标差 ΔZ，α 即反映空间直线与 H 面的夹角。一定要注意，空间直线在某投影面的投影与反映实长的斜边的夹角才反映直线与该投影面的夹角。

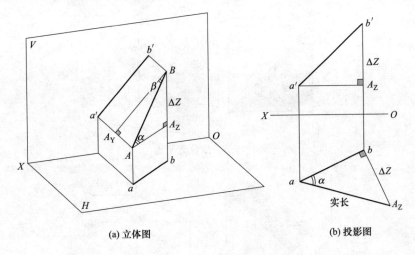

(a) 立体图   (b) 投影图

图 1-47 直角三角形法求实长

如图 1-48 所示，可以归纳出直角三角形法的四要素（三条边和一个夹角）之间的关系：

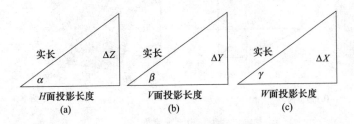

图 1-48 直角三角形法四要素的关系

- 直角三角形中，一条直角边是 H 面的投影长度，另一直角边是直线两端点的 V 面投影的 Z 坐标差，则斜边反映空间直线实长；此斜边与反映 H 面投影长度的直角边的夹角为 α（空间直线与 H 面的倾角）。

- 一条直角边是 V 面的投影长度，另一直角边是直线两端点的 H 面投影的 Y 坐标差，则斜边反映空间直线实长；此斜边与反映 V 面投影长度的直角边的夹角为 β（空间直线与 V 面的倾角）。

- 一条直角边是 W 面的投影长度，另一直角边是直线两端点的 H 面投影的 X 坐标差，则斜边反映空间直线实长；此斜边与反映 W 面投影长度的直角边的夹角为 γ（空间直线与 W 面的倾角）。

(2) 空间平面相对于投影面的位置

① 一般位置平面 与三个投影面都倾斜，如图 1-49 所示。

② 垂直面 空间平面与某投影面垂直，但与另外的投影面倾斜，如图 1-50 所示。

③ 平行面 空间平面与某投影面平行，必然与另外的投影面垂直，如图 1-51 所示。

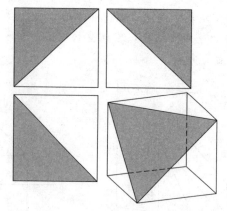

图 1-49　一般位置平面

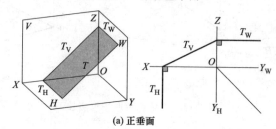

(a) 正垂面

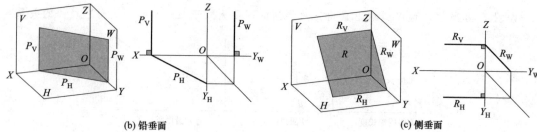

(b) 铅垂面　　　　　　　　　　　　(c) 侧垂面

图 1-50　垂直面

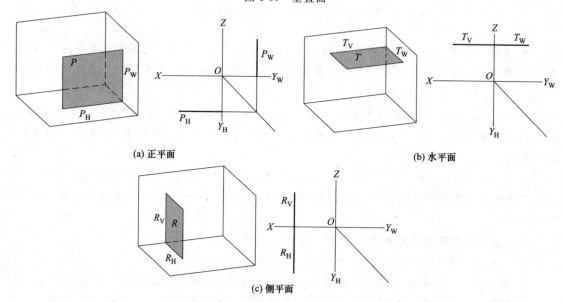

(a) 正平面　　　　　　　　　　　　(b) 水平面

(c) 侧平面

图 1-51　平行面

1.5　截切与相贯

(1) 截切

平面截切圆柱见表 1-4，平面截切圆锥见表 1-5。

表 1-4　平面截切圆柱

截切面的位置	立体图	投影图	截交线的形状
截切面垂直于轴线	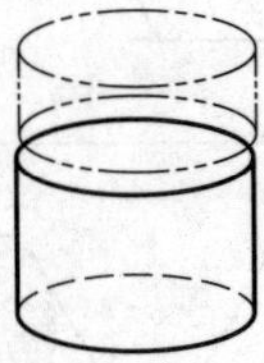	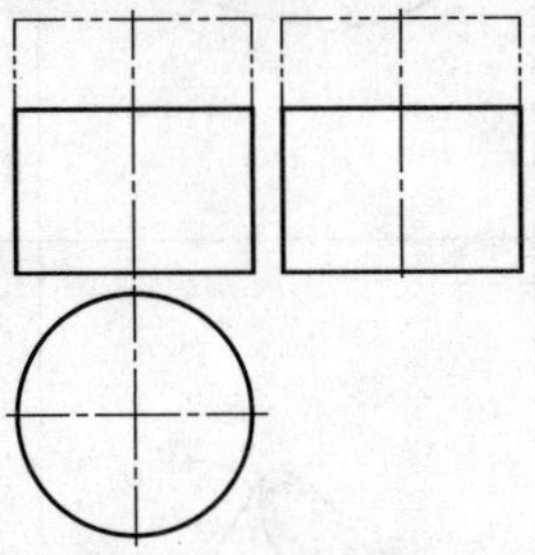	圆
截切面平行于轴线	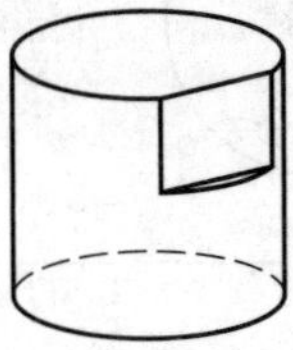	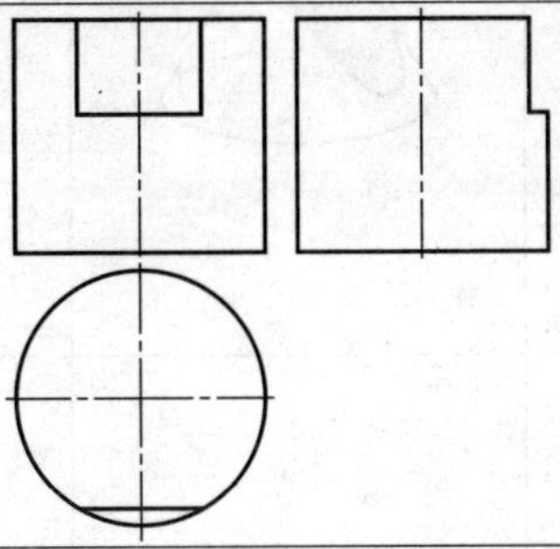	矩形
截切面倾斜于轴线	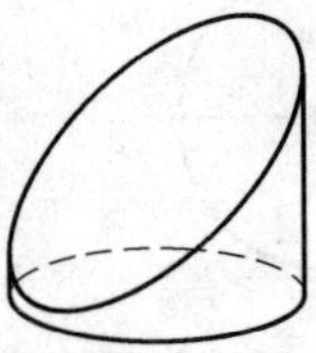	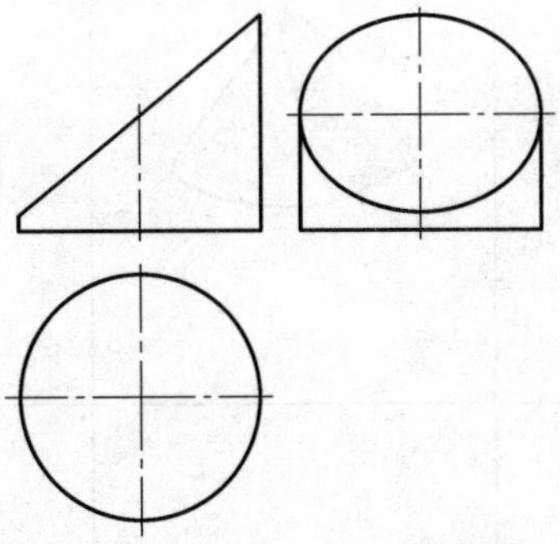	椭圆

表 1-5　平面截切圆锥

截切面的位置	立体图	投影图	截交线的形状
截切面垂直于轴线	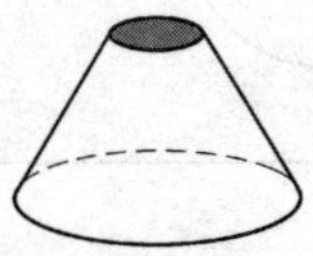	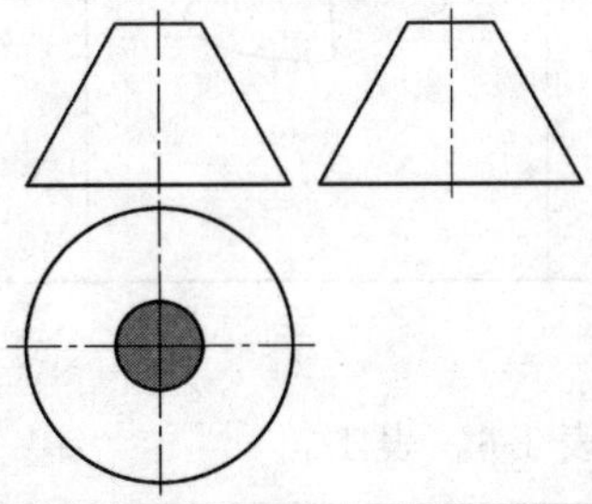	圆

截切面的位置	立体图	投影图	截交线的形状
截切面平行于轴线	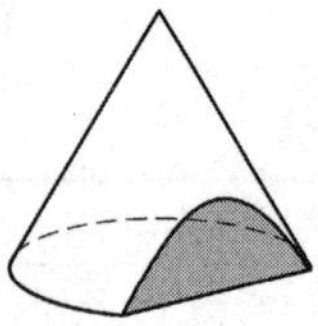	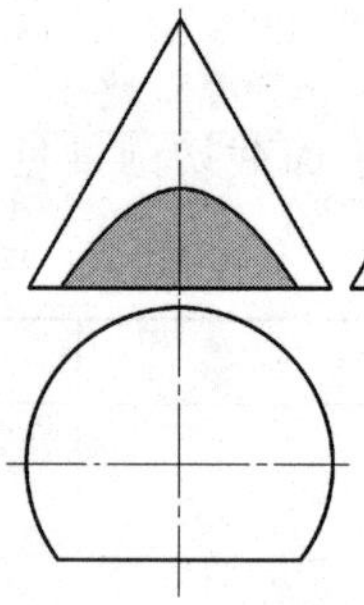	双曲线
截切面倾斜于轴线	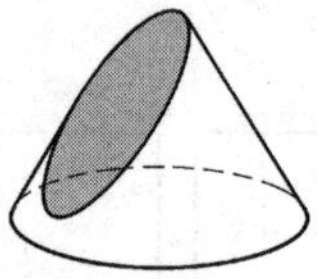	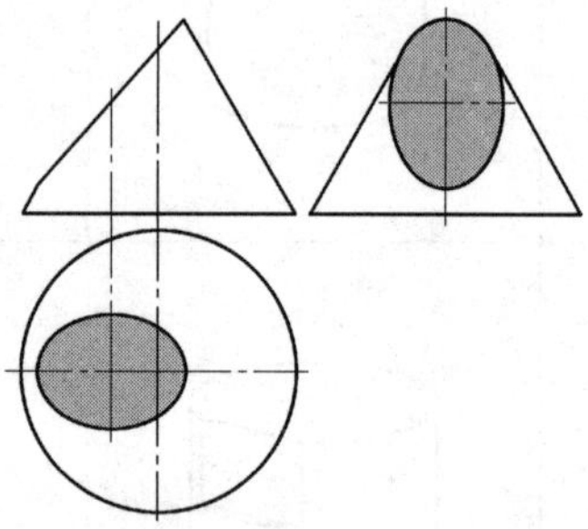	椭圆
截切面平行于任一素线	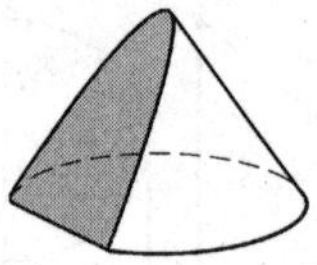	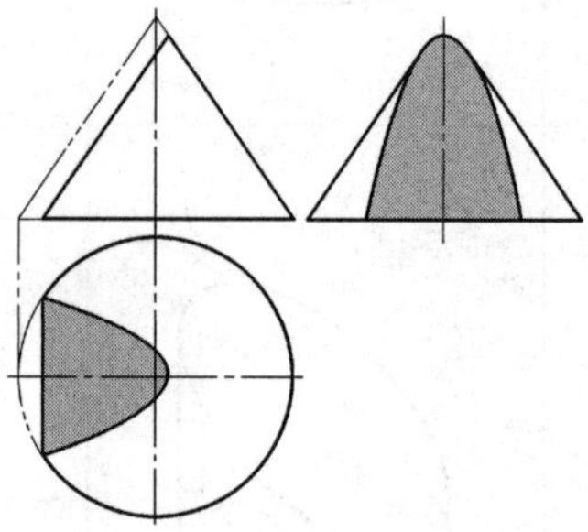	抛物线
截切面通过锥顶	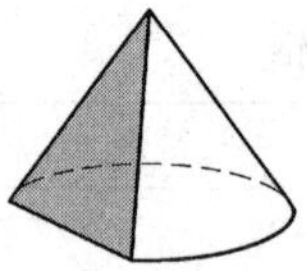	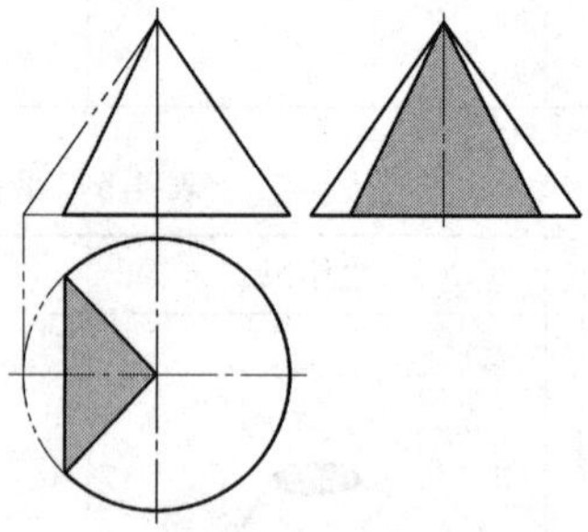	等腰三角形

(2) 相贯

相贯的形式见表 1-6、表 1-7。

表 1-6　圆柱体与圆柱体相贯的形式

正贯： 两轴线垂直相交	偏贯： 两轴线垂直交叉	斜贯： 两轴线倾斜	互贯： 局部相贯

表 1-7　圆柱体与圆锥体相贯的形式

正贯： 两轴线垂直相交	偏贯： 两轴线垂直交叉	斜贯： 两轴线倾斜	互贯： 局部相贯

　　两回转体的相贯线，一般是空间曲线，但在某些特殊情况下，也可能是平面曲线或直线。相贯线为平面曲线：两等径圆柱正贯，如图 1-52 所示；圆锥与圆柱斜贯且公切一个球，如图 1-53 所示；圆锥与圆锥斜贯且公切一个球，如图 1-54 所示；同轴回转体相贯，如图 1-55 所示。相贯线是两条平行的素线：轴线平行的两圆柱相贯，如图 1-56 所示；轴线相交于锥顶的两圆锥相贯，如图 1-57 所示。

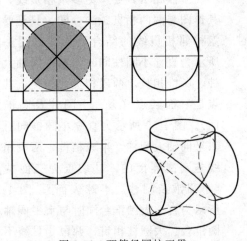

图 1-52　两等径圆柱正贯

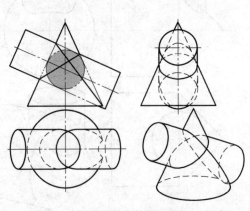

图 1-53　圆锥与圆柱斜贯且公切一个球

机械工人识图与绘图一本通

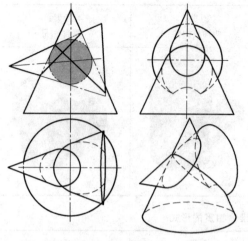

图1-54　圆锥与圆锥斜贯且公切一个球

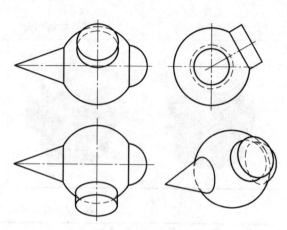

图1-55　同轴回转体相贯

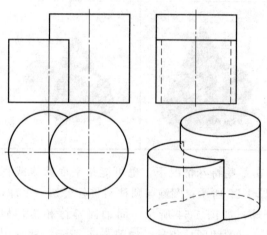

图1-56　轴线平行的两圆柱相贯

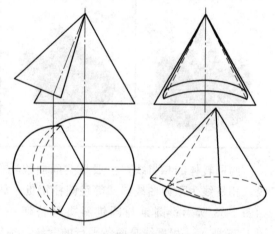

图1-57　轴线相交于锥顶的两圆锥相贯

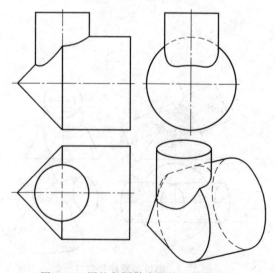

图1-58　圆柱与同轴大圆柱、圆锥相贯

多体相贯，会产生多条相贯线，但其作图与两两相贯画法一样，只是要注意相邻相贯线的结合处形式。图1-58所示为直立小圆柱同时与水平同轴大圆柱、圆锥相贯，两段相贯线相交，其交点是三面共点（大、小圆柱及圆锥表面）。图1-59所示为直立小圆锥同时与水平同轴大圆柱、半球相贯，两段相贯线是圆滑连接的，其切点为三面共点（小圆锥及圆柱、半球表面）。图1-60所示为直立大圆锥台同时与水平同轴小圆锥台、大圆柱相贯，两段相贯线不相连（被圆柱左端面隔开）。

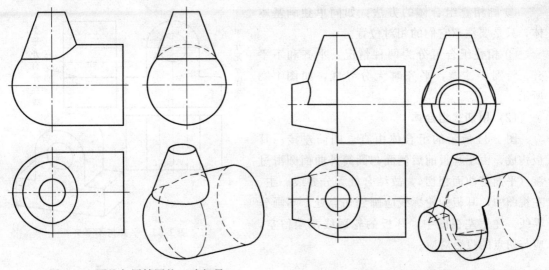

图 1-59　圆锥与同轴圆柱、球相贯　　　　　图 1-60　圆锥台与同轴圆锥台、圆柱相贯

 知识拓展

相贯线近似画法及模糊画法

　　常见的相贯是两圆柱正贯（两轴线垂直相交），如图 1-61 所示，当两圆柱直径不等时，可采用圆弧代替相贯线的近似画法，用大圆柱的半径画圆弧，凸向大圆柱线框内。在不致引起误解时，可采取模糊画法表示相贯线，如图 1-62 所示。

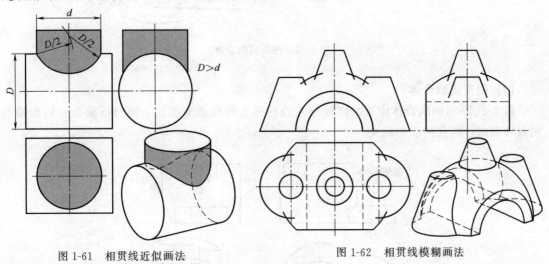

图 1-61　相贯线近似画法　　　　　　　图 1-62　相贯线模糊画法

1.6　组合体

（1）相叠式组合体

① 相叠组合特色：相互连接的基本体，以平面与平面接触，各自的形状结构不受影响。

② 画相叠组合体的方法：如同单独画基本体，只是要注意它们的相对位置。

③ 相叠组合可分为两种情况：平齐和不平齐。特别要注意，平齐时无分界线，如图 1-63 所示。

（2）相切式组合体

图 1-64 所示的组合体由直立圆筒左接一耳板构成，由于耳板前后侧面与圆筒外曲面圆滑过渡（平面与曲面相切），故结合处无分界线。主、左视图中，耳板的轮廓线应画到切点处，不画分界线。注意左视图中，耳板的轮廓线两端留空，应与切点的投影对应。

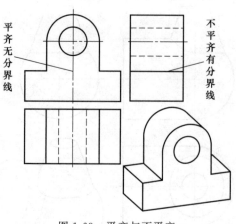

图 1-63　平齐与不平齐

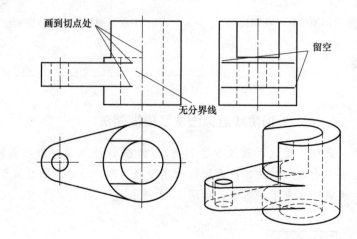

图 1-64　相切式组合体

（3）截交式组合体

图 1-65 所示的组合体由直立圆筒与左边的圆头耳板截交组成，圆筒顶面开一矩形槽与圆筒外表面、圆孔内表面截交。

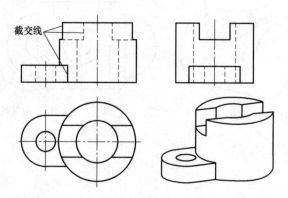

图 1-65　截交式组合体

(4) 相贯式组合体

图 1-66 所示的组合体由中空的半球与左右两边的圆形耳板以及向内宽展的圆形凹坑偏贯，相贯线是四段一般空间曲线；中空半球顶面还与圆筒相贯，属于同轴回转体相贯，相贯线是平面曲线"圆"。

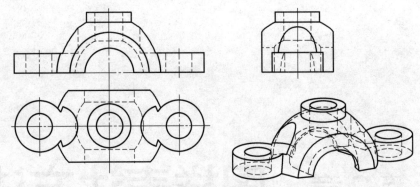

图 1-66 相贯式组合体

(5) 综合式组合体

如图 1-67 所示，底板与肋板相叠，平面接触；底板前后侧面与大圆筒曲表面相切；截交肋板与大圆筒曲表面截交；小圆筒曲表面与大圆筒曲表面相贯。

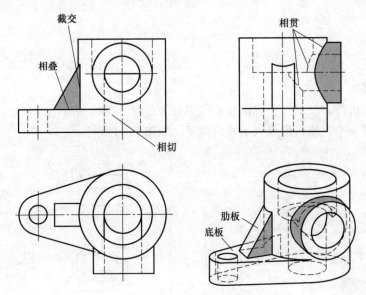

图 1-67 综合式组合体

第2章　图样表达方法

2.1　视图

(1) 基本视图

形状复杂的机件，仅用三个视图尚不能完整表达时，可按国家标准规定，再增设三个基本投影面，组成一个方箱，形成六面投影体系，如图 2-1 所示。

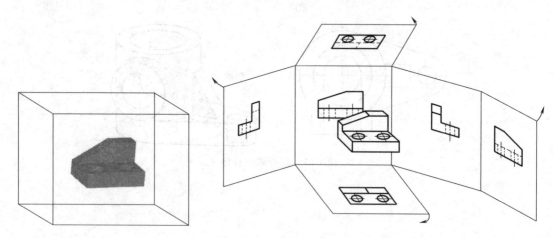

图 2-1　六面投影体系

将机件置于六面投影体系中，除了可获得前述的主、俯、左视图外，还可获得另外三个视图：

右视图——从右向左投影；

仰视图——从下向上投影；

后视图——从后向前投影。

国家标准规定

机件向基本投影面投影所得的视图，称为基本视图，共六个——主视图、俯视图、左视图、右视图、后视图、仰视图，优先选用主视图、俯视图、左视图。六个投影面按图 2-2 所示展开在同一平面上。六个基本视图按图 2-2 所示配置时，不必注明视图名称。

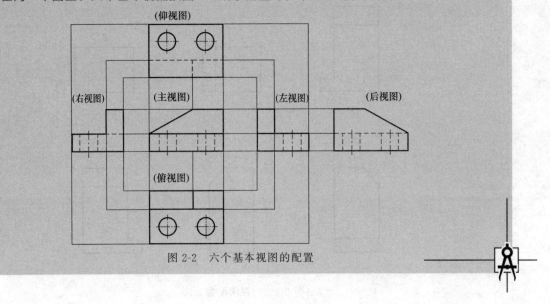

图 2-2　六个基本视图的配置

(2) 辅助视图

① 向视图　为了合理利用图纸，有时不便于按图 2-2 所示的位置摆放六个基本视图，国家标准又规定了向视图画法，即用箭头标明投影方向，用大写拉丁字母标明视图名称。如图 2-3 所示，把仰视图、后视图放在了适当位置，此时，需用箭头加字母标明。A 向视图为（未按规定位置放置的）仰视图；B 向视图为（未按规定位置放置的）后视图。

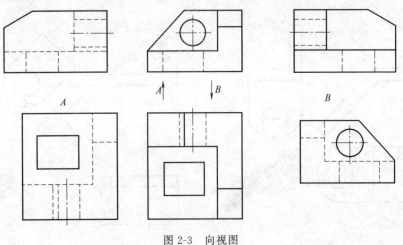

图 2-3　向视图

提示

向视图是基本视图的另一种表达方式，是移位（不旋转）配置的基本视图。向视图的投射方向应与基本视图的投射方向——对应，如图 2-4 所示。

图 2-4　向视图配置方法

② 局部视图　图 2-5 所示的支架，用主、俯、左三个视图死板表达，既不便于绘图，也不便于识图。若用局部视图表达，便会简单明了，如图 2-6 所示，俯视图中仅画出了左边实形部分，且用波浪线断开。这种将机件的某一部分向基本投影面投影所得的视图称为局部视图。

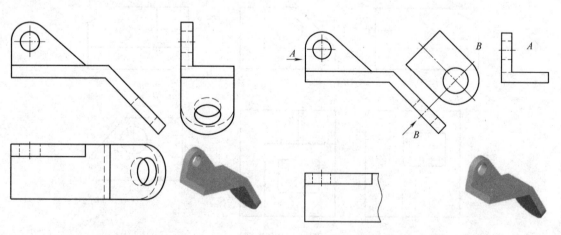

图 2-5　死板画法　　　　　　　　图 2-6　采用局部视图表达

国家标准规定

- 局部视图若按投影关系配置，中间又无其他图形隔开时，可不必标注。
- 局部视图不符合以上条件时，要用箭头加字母进行标注。
- 局部视图的断裂边界一般应以波浪线表示；当所表示的局部结构是完整的且外轮廓封闭时，断裂边界可省略不画。
- 若局部视图对称，可将视图只画一半或四分之一（图 2-7），但需画对称符号（在中心线的两端画两条平行的细实线短杠）。

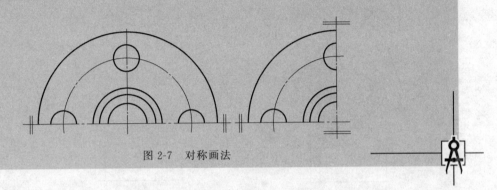

图 2-7　对称画法

③斜视图　图 2-8 所示机件左边倾斜部分的俯、左视图都不能反映实形（图 2-9），可增设一个与倾斜部分平行的辅助投影面，然后将倾斜部分按垂直于新投影面的方向进行投影，便可获得倾斜部分的实形图。当然，新投影面应旋转到与原投影面重合。这种将机件向不平行于任何基本投影面的平面投影所得的视图称为斜视图。

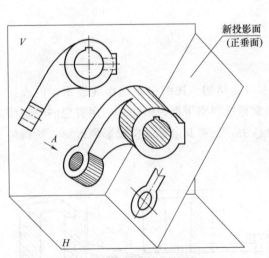

图 2-8　斜视图的形成

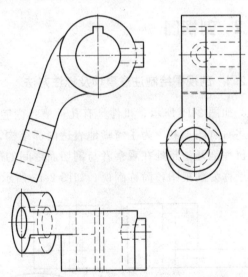

图 2-9　不采用斜视图表达的死板画法

国家标准规定

- 画斜视图时，应用箭头加字母进行标注，如图 2-10 所示。
- 斜视图一般按投影关系配置；必要时也可配置在其他适当位置，如图 2-11 所示；在不致引起误解时，允许将斜视图旋转配置，旋转符号的箭头指向，应与旋转方向一致，标注形式为"⌒×"，表示该斜视图名称的大写拉丁字母应靠近旋转符号的箭头端，也允许将旋转角度标注在字母之后，如图2-11所示。

• 斜视图一般只表达倾斜部分的实形，其余部分不必全画，可用波浪线断开。

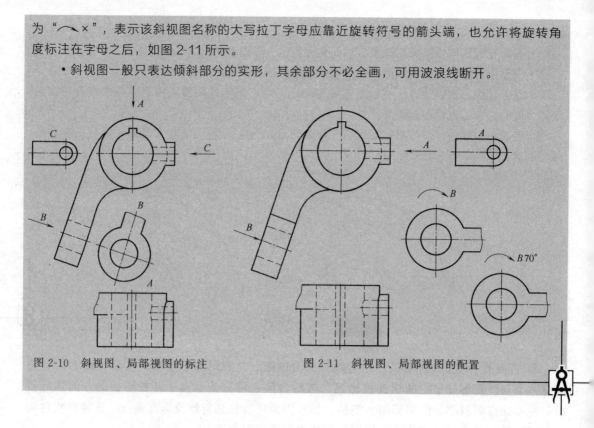

图2-10 斜视图、局部视图的标注　　　　图2-11 斜视图、局部视图的配置

2.2 剖视图

2.2.1 剖视图绘制注意事项及标注方法

如图2-12所示，机件具有孔、槽、内腔等不可见结构，视图中要用虚线表示，但虚线较多对看图不利。为了清晰地表达内部结构，国家标准规定了剖视画法——用假想的剖切面将机件剖开，将处在观察者与剖切面之间的部分移去，而将其余部分向投影面投影，所得的图形称为剖视图，简称剖视，如图2-13所示。

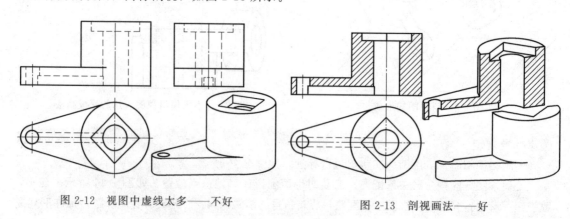

图2-12 视图中虚线太多——不好　　　　图2-13 剖视画法——好

(1) 画剖视图的注意事项

① 机件具有不可见的内部结构时，应采用剖视画法。画剖视图时，首先要确定剖切面的位置，剖切面一般选择所需表达内部结构的对称面或轴线，并平行于基本投影面。图 2-13 中的剖切面就是机件的前后对称面。

② 剖切并非真把机件切掉一块，故其余视图应完整画出，不应出现图 2-14 所示俯视图只画一半的错误。

③ 剖切平面后方的可见部分应全部画出，不能遗漏，如图 2-15 所示。

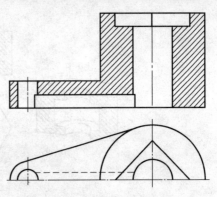

图 2-14　错误的剖视图

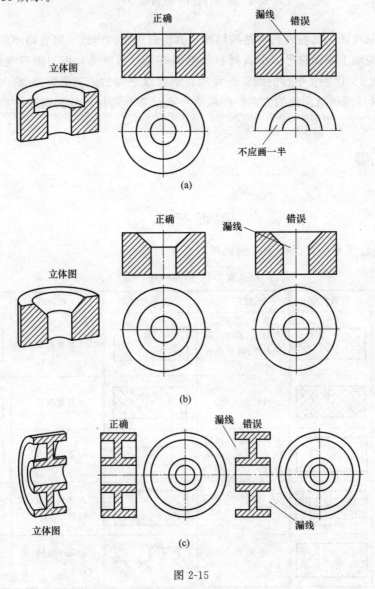

图 2-15

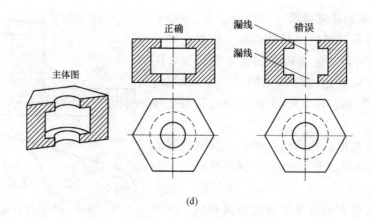

(d)

图 2-15　剖视图中易漏线举例

④ 对于在剖视图上已经表达清楚的结构，其他视图中的虚线一般省略不画。

⑤ 剖切面应画上剖面符号。金属材料的剖面符号（剖面线）用与图形主轮廓线或剖面区域的对称线成 45°且相互平行的细实线画出，剖面线之间的距离通常取 2～4mm。同一机件的各个剖面区域所画剖面线的方向、间隔应一致。非金属材料的剖面线一般为交叉 45°的细实线。

 知识拓展

剖 面 符 号

表 2-1 中列出了部分剖面符号，供识图与绘图时参考。

表 2-1　剖面符号

材料	剖面符号	材料	剖面符号	材料	剖面符号
金属材料(已有规定剖面符号者除外)		型砂、填砂、粉末冶金，砂轮、陶瓷刀片、硬质合金刀片等		木材纵剖面	
非金属材料(已有规定剖面符号者除外)		钢筋混凝土		木材横剖面	
转子电枢变压器和电抗器等的叠钢片		玻璃及供观察用的其他透明材料		液体	
绕圈绕组元件		砖		木质胶合板(不分层数)	
混凝土		基础周围的泥土		格网(筛网、过滤网)	

（2）剖视图标注三要素

① 剖切线　指示剖切面位置的线，用细点画线表示，画在剖切符号之间，也可省略不画，如图 2-16 所示。

② 剖切符号　指示剖切面起讫和转折位置（用粗短杠表示）及投影方向（用箭头表示）的符号。剖切符号尽量不要与图形轮廓线相交。

③ 字母　在剖切符号的起讫和转折处，注上相同的大写拉丁字母，然后在相应的剖视图上方注写相同的字母，注成"×—×"形式。

（3）简化或省略标注条件

① 省略标注的三个条件

a. 剖切面与机件的对称面重合。

b. 剖视图按投影关系配置。

c. 中间无其他图形隔开。图 2-16 中的左视图可不必标注。

② 省略箭头的两个条件　仅符合上述 b、c 两条。如图 2-16 中的 *A—A* 剖视。

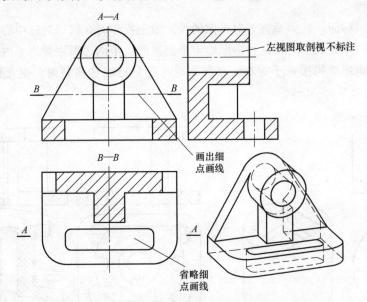

图 2-16　剖视的简化或省略标注

2.2.2　剖视图的种类

国家标准规定，剖视图按剖切机件的程度不同，分为全剖视图、半剖视图和局部剖视图三种。

（1）全剖视图

用剖切面完全地剖开机件所得的剖视图，称为全剖视图。如图 2-17 所示的机件，由于内部结构左右不对称，主视图采用了全剖视，即可把不可见的内部结构转化为可见，提高了视图的清晰度。根据剖视图标注的规定，由于假想剖切面通过机件的前后对称面，且视图按投影关系配置，中间又无其他图形隔开，可不标注。俯视图虽也采用了全剖视，但假想剖切面不是机件的上下对称面，所以标注了短杠和字母 *A—A*。

再如图 2-18 所示，外形简单而需重点表达内部结构的机件，即使对称也采用全剖视图。

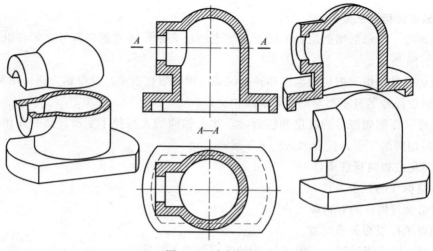

图 2-17 全剖视图

(2) 半剖视图

当机件具有对称面，且向垂直于对称面的投影面上投影时，可以对称中心线为界，一半画成剖视图，另一半画成视图，这种图形称为半剖视图。半剖视图主要用于内部结构对称的机件，但当机件内部结构接近于对称，且其不对称部分已表达清楚时，也允许画成半剖视图，如图 2-19 和图 2-20 所示。

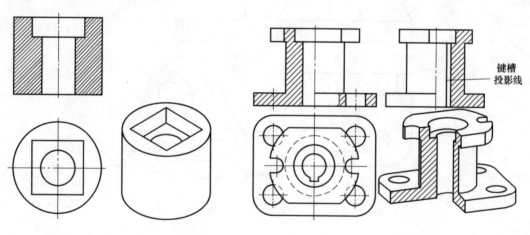

图 2-18 外形简单的对称件采用全剖视图   图 2-19 半剖视图

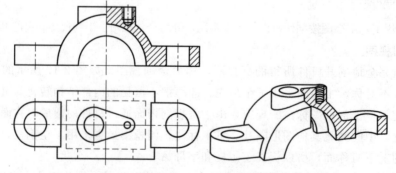

图 2-20 内部结构基本对称可采用半剖视图

半剖视图既表达了机件的外形，又表达了其内部结构，所以应用较广泛。

提示

- 在表示外形的半个视图中，一般不画细虚线。
- 半个剖视图和半个视图必须以细点画线分界，如果机件的轮廓线恰好和细点画线重合，则绝不能采用半剖视，而应采用局部剖视图。如图 2-21 所示。

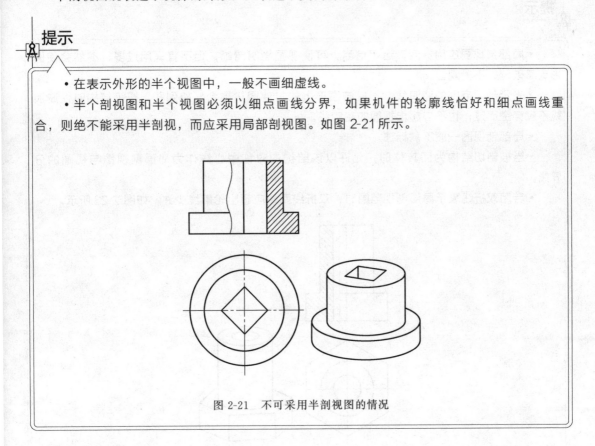

图 2-21　不可采用半剖视图的情况

（3）局部剖视图

用剖切面局部地剖开机件所得的剖视图，称为局部剖视图。图 2-22 所示机件的主视图即采用了局部剖视图，恰当地表达了内部结构。

正确　　　　　　　　　　　　　　错误

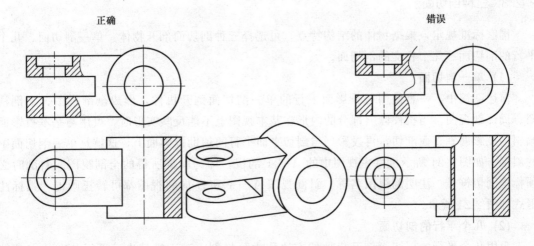

图 2-22　局部剖视图

提示

- 局部剖视图应用灵活，运用恰当，可使视图简明清晰，但不宜采用过多，不然会使图形支离破碎，不美观。
- 表示剖切范围的波浪线，不应与图形上的其他图线重合；如到孔、槽等结构时，波浪线不应穿空而过，也不应超出视图的轮廓线。
- 局部剖视图一般不需标注。
- 当被剖切结构为回转体时，允许以该结构的对称中心线作为局部剖视图与视图的分界线。
- 若用双折线表示局部剖视范围时，双折线两端应超出轮廓线少许，如图 2-23 所示。

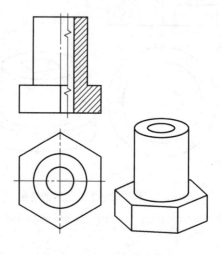

图 2-23　双折线代替波浪线

2.2.3　三种剖切面

国家标准规定，根据物体的结构特点，可选择三种剖切面剖开物体：单一剖切面、几个平行的剖切面、几个相交的剖切面。

(1) 单一剖切面

前述剖视中，一直使用与投影面平行的单一剖切面剖开机件，形成全剖视图、半剖视图、局部剖视图。当机件倾斜部分的内形在基本视图上不能反映实形时，可用与基本投影面倾斜的投影面垂直面剖切，再投影到与剖切平面平行的辅助投影面上，这就是单一剖切面中的斜剖。如图 2-24 所示机件主视图中的 A—A 剖视，即为斜剖所得的全剖视图。斜剖时必须标全剖切符号，注明剖视图名称。斜剖视图 A—A 和 B 向斜视图都可转正画出，其标注形式如图 2-24 所示。

(2) 几个平行的剖切面

采用几个平行的剖切面剖开机件的方法称为阶梯剖。对于机件中呈平行分布的内部结构，往往采用阶梯剖，如图 2-25 所示。

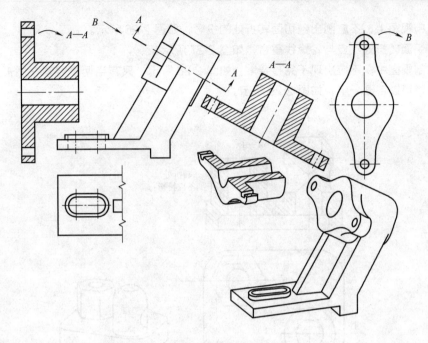

图 2-24 斜剖

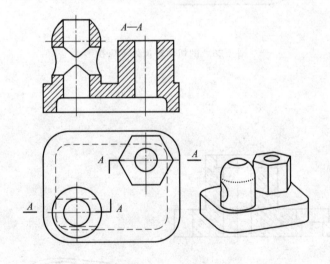

图 2-25 阶梯剖

提示

• 阶梯剖时，必须画出剖切符号，在剖切面的起讫和转折处标注相同的字母，并用箭头指明投影方向，在剖视图的上方以"×—×"注明剖视图的名称，但当转折处位置有限又不致引起误解时，可以省略字母标注；若剖视图按投影关系配置，中间又无其他图形隔开时，可省略箭头。

- 在剖视图上，不应画出剖切面转折处的投影，如图 2-26 所示。
- 剖切面转折处不应与轮廓线重合，如图 2-27 所示。
- 在剖视图中，不应出现不完整要素，如图 2-28 所示。只有当两个要素在图形上具有公共轴线时，可以各画一半，如图 2-29 所示。

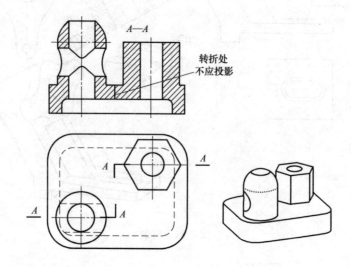

图 2-26　剖切面转折处不应投影

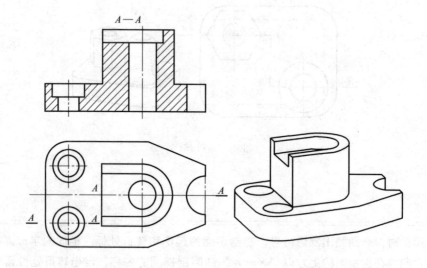

图 2-27　剖切面转折处不应与轮廓线重合

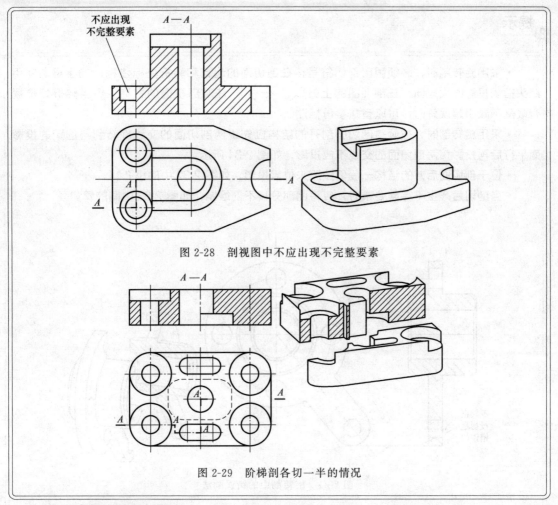

图 2-28 剖视图中不应出现不完整要素

图 2-29 阶梯剖各切一半的情况

(3) 几个相交的剖切面

用两个相交的剖切平面（其交线垂直于某一基本投影面）剖开机件的方法称为旋转剖。图 2-30 中的主视图就是采用旋转剖获得的全剖视图。

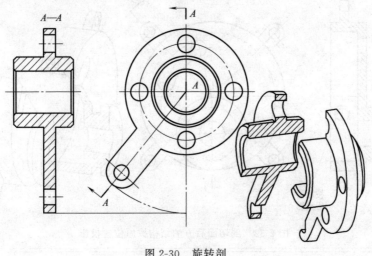

图 2-30 旋转剖

提示

• 采用旋转剖时，必须画出剖切符号，在剖切面的起讫和转折处标注相同的字母，并用箭头指明投影的大方向，在剖视图的上方以"×—×"注明剖视图的名称。但当转折处位置有限又不致引起误解时，可以省略字母标注。

• 采用旋转剖时，被倾斜剖切面剖开的结构应先绕两剖切面的交线旋转到与选定的投影面平行后再投影；两剖切面的交线不应投影，如图 2-31 所示。

• 位于剖切面后方的结构一般仍按原来位置投影，如图 2-32 中的小孔。

• 当剖切后产生不完整要素时，应将此部分按不剖绘制，如图 2-33 中间的臂。

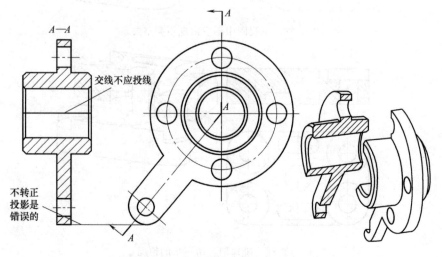

图 2-31　旋转剖中的错误画法

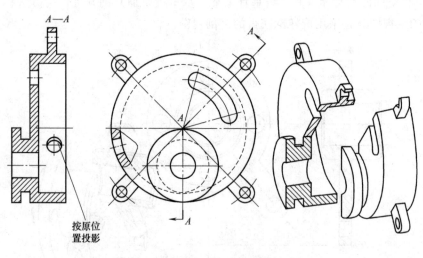

图 2-32　剖切面后方的结构按原位置投影

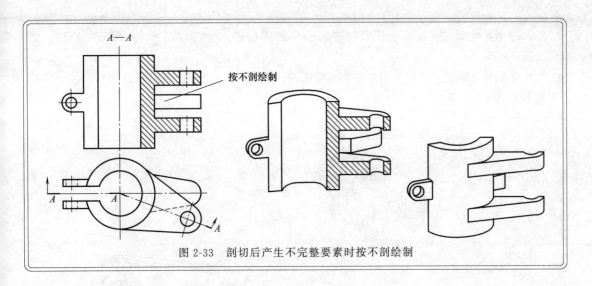

图 2-33 剖切后产生不完整要素时按不剖绘制

2.2.4 复合剖

复合剖由平行剖切面和相交剖切面联合剖切形成,如图 2-34 所示机件,不便仅用平行剖切面或相交剖切面剖切时,可采用复合剖。

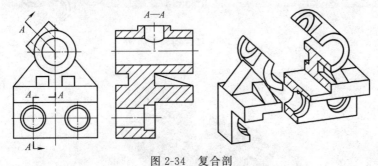

图 2-34 复合剖

提示

• 采用复合剖时,剖切符号和剖视图名称必须标注。
• 采用复合剖时,应将倾斜断面转正后再投影,转折处不应投影,如图 2-35 所示。

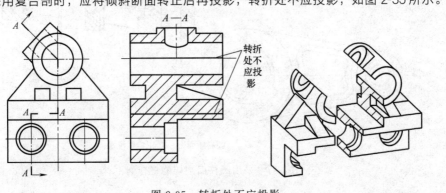

图 2-35 转折处不应投影

机械工人识图与绘图一本通

• 采用复合剖时，可把剖切面展成同一平面再投影，但应以"×—×展开"标注，如图 2-36 所示。

• 采用复合剖时，还可采用圆柱面剖切机件，如图 2-37 所示。采用圆柱面剖切，一般应以展开方式画出，如图 2-38 所示。

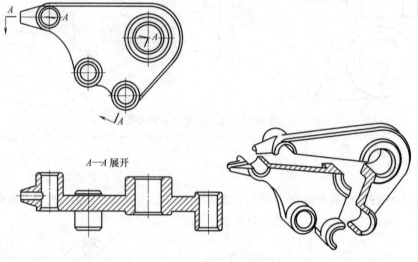

图 2-36 复合剖展开画法

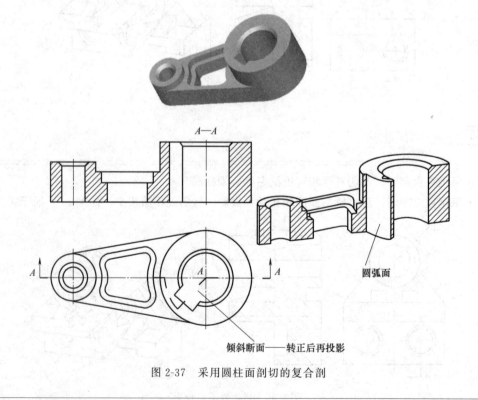

图 2-37 采用圆柱面剖切的复合剖

046

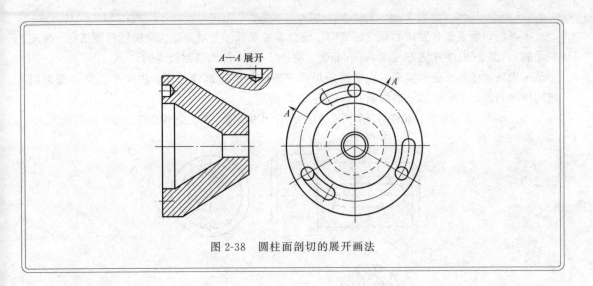

图 2-38　圆柱面剖切的展开画法

2. 3　断面图

假想用剖切面将机件的某处切断，仅画出断面的实形图，称为断面图。

(1) 移出断面

画在视图之外的断面图，称为移出断面。断面图通常用于表达实心程度较大机件上的局部断面实形，如图 2-39 所示轴类零件上的孔、槽等结构。

虽然都是假想用剖切面切开机件，可断面图是仅画出断面实形，而剖视图是要把剖切面后方的形体结构全部投影，如图 2-40 所示，显然轴类零件采用断面图为好。

提示

- 移出断面的轮廓线规定画成粗实线。
- 当剖切面通过回转面形成的圆孔、圆锥坑等结构时，应按剖视画法——画成封闭的。图 2-39 中穿透圆孔断面，在图 2-41 中的画法是错误的。

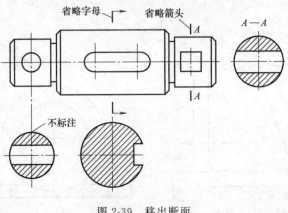

图 2-39　移出断面

• 当剖切面通过非回转面形成的结构，但会导致断面图分离时，也应按剖视画法——画成封闭的。图 2-39 中穿透方孔的 A—A 断面，在图 2-41 中的画法是错误的。

• 为表达倾斜断面的实形，剖切面应垂直于该结构的轮廓线剖切；由两个相交平面剖切出的移出断面，中间应以波浪线断开，如图 2-42 所示。

• 在不致引起误解时，允许将倾斜断面转正画出，但需用箭头标注旋转方向，如图 2-43 所示。

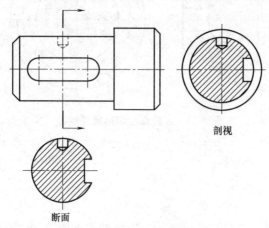

图 2-40　断面图与剖视图的区别

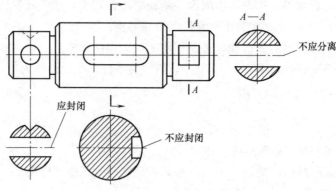

图 2-41　移出断面的错误画法

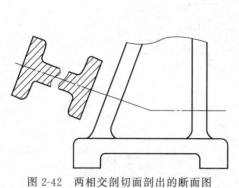

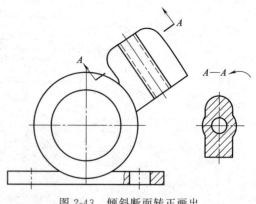

图 2-42　两相交剖切面剖出的断面图　　　　图 2-43　倾斜断面转正画出

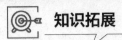

移出断面标注规则

• 若断面图画在剖切迹线的延长线上，且断面图对称于剖切迹线，可不标注，如图 2-39 所示。

• 若断面图画在剖切迹线的延长线上，但断面图相对于剖切迹线不对称，则应标注剖切位置的短杠和投射方向的箭头（省略字母），如图 2-39 所示。

• 若断面图不画在剖切迹线的延长线上，但断面图对称于剖切迹线，则可省略箭头，如图 2-39 所示。

• 若断面图不画在剖切迹线的延长线上，且断面图相对于剖切迹线不对称，则应全部标注（短杠、箭头、字母），如图 2-44 所示。

• 当断面图按投影关系配置，无论断面图对称与否，均不必标注箭头，如图 2-45 所示。

• 画在视图中断处的对称断面图不标注，如图 2-46 所示。

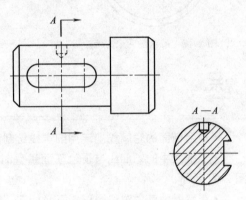

图 2-44　移出断面全标注

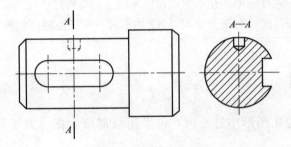

图 2-45　移出断面省箭头

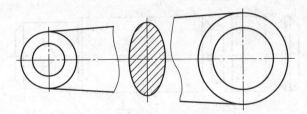

图 2-46　移出断面不标注

(2) 重合断面

将断面图重叠画在视图之内，称为重合断面。重合断面常用于断面形状较简单且重叠后不致影响图形清晰的情况，这种表达方式会使图形紧凑。如图 2-47 所示，起重吊钩零件图往往采用重合断面表达断面实形。如图 2-48 所示，角钢的断面实形也常采用重合断面表达。

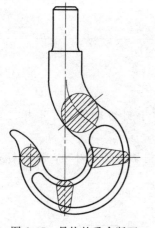

图 2-47　吊钩的重合断面

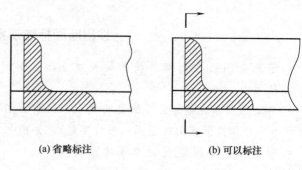

(a) 省略标注　　　　　　　　(b) 可以标注

图 2-48　角钢的重合断面

提示

- 重合断面的轮廓线规定用细实线绘制。
- 当视图中的轮廓线与重合断面重叠时，视图中的轮廓线仍应连续画出，不可间断，如图 2-47 所示。
- 重合断面若为对称图形，不必标注，如图 2-47 所示。
- 重合断面若为不对称图形，在不致引起误解时，也可省略标注，如图 2-48（a）所示。
- 重合断面需要标注时，可按图 2-48（b）的形式，只标注短杠和箭头，而省略字母。

2.4　局部放大图

当机件的细节结构在图形中过小时，可采用局部放大图（大于原图比例）画出，如图 2-49 所示。

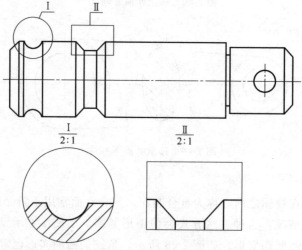

图 2-49　局部放大图

提示

• 局部放大图可画成视图、剖视图、断面图，而与被放大部位的表达方式无关。

• 画局部放大图时，应用细实线圈出被放大部位；当被放大部位有两处以上时，应用罗马数字依次注明，并在局部放大图上方标出相应的罗马数字和采用的比例。

• 当同一机件上不同部位的局部放大图相同或对称时，只需画出一个，必要时可用几个图形表达同一被放大部位的结构，如图 2-50 所示。

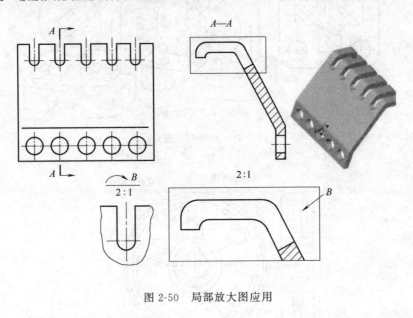

图 2-50　局部放大图应用

2.5　常用规定画法与简化画法

(1) 肋板、轮辐的剖视规定

对于机件上起支承和加固作用的肋板、轮辐等，如按纵向剖切（切薄），国家标准规定不画剖面符号，且用粗实线将它与邻接部分分开。如图 2-51 中的左视图。但剖切面横向剖切（未切薄）时，仍应画出剖面符号，如图 2-51 中的俯视图。

再如图 2-52 所示，主视图中轮辐不画剖面线（切薄），而左视图中轮辐的重合断面要画剖面线（未切薄）。

(2) 回转体上均布的肋板、轮辐、孔等结构的剖视规定

当回转体上均布的肋板、轮辐、孔等结构不处于剖切平面上时，可将这些结构旋转到剖切平面上画出，如图 2-53 和图 2-54 所示。

(3) 常见细节规定

① 在不致引起误解时，过渡线、相贯线允许简化，可用圆弧或直线代替非圆曲线，如图 2-55 所示，还可采用模糊画法表示相贯线，如图 2-56 所示。

② 法兰盘和类似零件上均布的孔，可按图 2-57 所示方法表示。

机械工人识图与绘图一本通

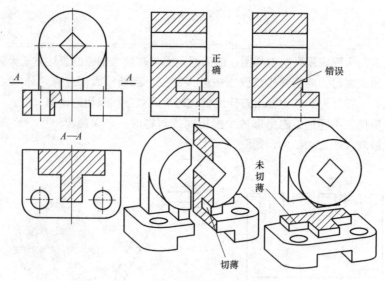

图 2-51　肋板剖视规定

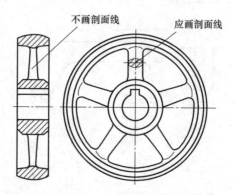

图 2-52　轮辐剖视规定

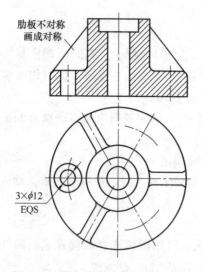

图 2-53　均匀分布的肋板剖视规定

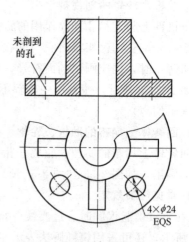

图 2-54　均匀分布的孔剖视规定

052

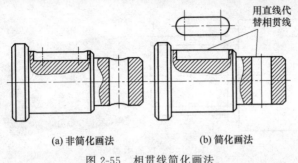

(a) 非简化画法　　　　(b) 简化画法

图 2-55　相贯线简化画法

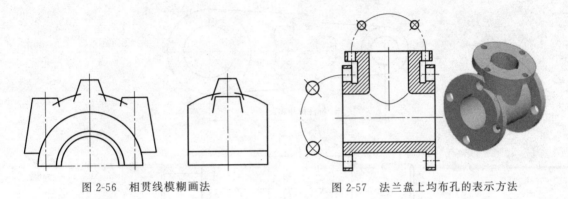

图 2-56　相贯线模糊画法　　　　图 2-57　法兰盘上均布孔的表示方法

③ 与投影面倾斜角度小于或等于 30°的圆或圆弧，其投影可用圆或圆弧代替，而不必画成椭圆，如图 2-58 所示。

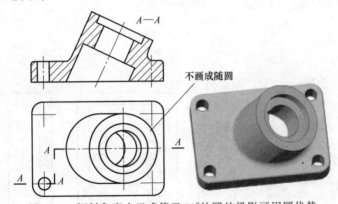

图 2-58　倾斜角度小于或等于 30°的圆的投影可用圆代替

④ 当图形不能充分表达平面时，可用平面符号（相交的两条细实线）表示，如图 2-59 所示。较长的机件（轴、杆、型材等）沿长度方向的形状一致或按一定规律变化时，可断开后缩短绘制，如图 2-60，这种画法便于使细长机件采用较大比例表达，并使图面紧凑。注意，机件采用断开画法后，尺寸仍按实际长度标注。

⑤ 当机件上具有多个相同结构要素（如孔、槽、齿等）且按一定规律分布时，只需画出几个完整的结构，其余用细实线连接，或画出它们的中心线，然后在图中注明它们的总数，如图 2-61（a）和（b）所示。对于厚度均匀的薄片零件，可以"$t\times$"标注表示厚度，如图 2-61（a）。

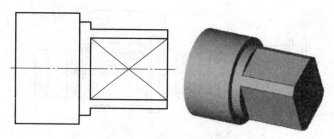

图 2-59 平面表示法

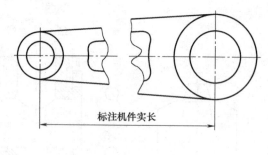

图 2-60 断开画法

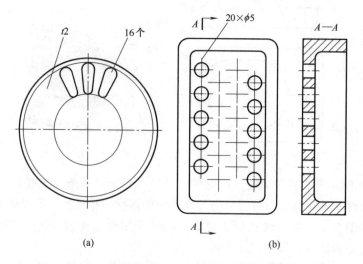

图 2-61 规律分布的结构要素的简化画法

　　⑥ 除确需表示的某些结构圆角外，一般圆角可不画，但必须注明尺寸，或在技术要求中加以说明，如图 2-62 所示。

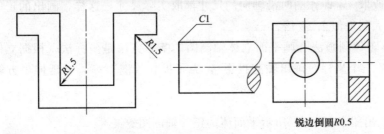

锐边倒圆*R0.5*

图 2-62 圆角、倒角的简化画法

2.6 轴测图

如图 2-63 所示，将物体用正投影法分别向 V 面和 H 面投影，可得到该物体的两面投影，但每个视图只能反映物体的两个坐标，每个视图只是一个平面图形，缺乏立体感。如果另设一个投影面 P_1，使 P_1 面倾斜于确定空间形体位置的直角坐标轴 X、Y、Z，将物体连同其直角坐标系，沿不平行于任一坐标面的方向，用平行投影法将其投影到单一投影面上所得到的图形称为轴测图，新设置的投影面 P_1 称为轴测投影面。将物体按轴测投影方向 S_1 投影，其空间直角坐标轴的轴测投影为 X_1、Y_1、Z_1（轴测投影轴，简称轴测轴），这样，物体在三个坐标面上的形状和尺寸就能同时在一个投影中反映出来，因而具有较强的立体感。轴测投影轴之间的夹角称为轴间角，空间直角坐标系中各轴上的线段及平行于坐标轴的线段，投影到 P_1 后长度改变了，其长度之比称为轴向变形系数。

轴测图有正轴测图和斜轴测图之分：正轴测图是按投射方向与轴测投影面垂直的方法画出来的；斜轴测图是按投射方向与轴测投影面倾斜的方法画出来的。

改变轴测投影形成条件，可以得到多种轴测图。国家标准推荐以下三种轴测图：正等轴测图，简称正等测；正二等轴测图，简称正二测；斜二等轴测图，简称斜二测。

(1) 正等测

使直角坐标系的三个坐标轴对轴测投影面的倾角相等，并用正投影法将物体连同其直角坐标系向轴测投影面投射所得到的图形称为正等轴测图，简称正等测。根据理论分析，正等测的轴间角均为 120°；各轴向变形系数均为 0.82，如图 2-64 所示。为了手工作图方便，轴

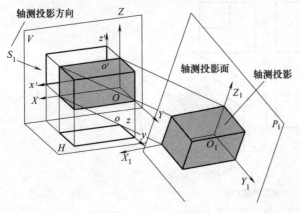

图 2-63 轴测图的形成

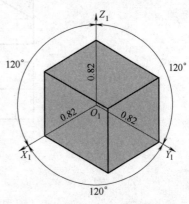

图 2-64 轴间角、轴向变形系数

向变形系数都改取 1，即作图时沿轴向的尺寸都取实际尺寸，这样，画出的正等轴测图比实际轴测投影放大到近似 1.22 倍。

① 平面体正等测画法　画平面立体轴测图的基本方法是坐标法（根据立体表面每个顶点的 X、Y、Z 三个坐标，画出轴测投影），为了提高绘图效率，又延伸出方箱法、叠加法和切割法。

 画出图 2-65（a）所示平面体的正等轴测图。

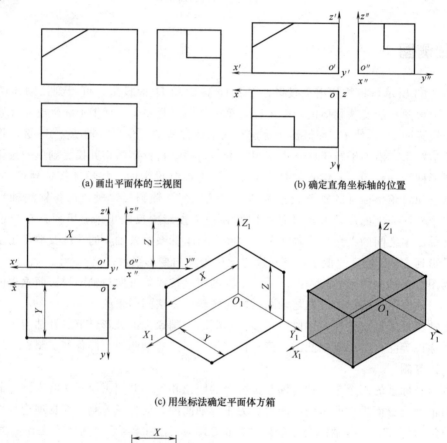

(a) 画出平面体的三视图　　　　　(b) 确定直角坐标轴的位置

(c) 用坐标法确定平面体方箱

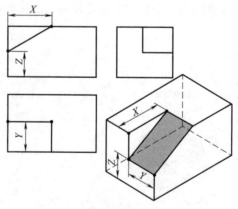

(d) 切割法画挖切面

图 2-65　平面体正等测画法

作图步骤：

① 画出三视图，确定直角坐标轴的位置，如图 2-65（a）、（b）所示；

② 画正等测轴测轴，如图 2-65（c）所示；

③ 坐标法：沿着相应轴的方向度量，如图 2-65（c）所示；

④ 切割法：如图 2-65（d）所示，三坐标确定截切面的位置。

② 平行于坐标面的圆的正等测画法　如图 2-66 所示，因圆柱的顶圆、底圆分别在 xoy 坐标面及其平行面上，都不平行于轴测投影面，故其正等轴测图均为椭圆，可用外切菱形法（四心圆法）近似画出，作图步骤如图 2-67 所示。

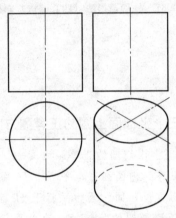

图 2-66　圆柱的视图和正等轴测图

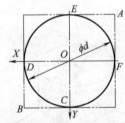

(a) 过圆心 O 作坐标轴 OX、OY，然后画圆的
外切正方形，切点为 C、D、E、F

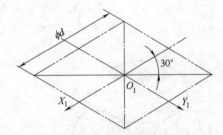

(b) 画轴测轴，按圆的外切正方形画菱形
（边长为圆的直径）

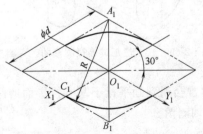

(c) 以 A_1、B_1 为圆心，A_1、C_1 为半径，画两个大圆弧

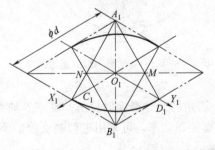

(d) 连接 A_1、C_1 和 A_1、D_1 交长轴于 M、N 两点

图 2-67

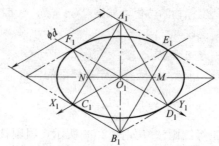

(e) 分别以M、N为圆心，以MD₁、NC₁为半径，
画小圆弧，正好与大圆弧相切，完成椭圆

图 2-67　外切菱形法（四心圆法）画椭圆

 知识拓展

三个坐标面上圆的正等测方向

图 2-68 所示为正方体三个面上内切圆的正等轴测图——椭圆。平行于 V 面（XOZ 坐标面）、W 面（YOZ 坐标面）的正等测椭圆画法与平行于 H 面（XOY 坐标面）的正等测椭圆画法相同，只是它们的外切菱形方位不同。因为平行于 H 面的圆的外切正方形的边平行于坐标轴 OX、OY，所以它的正等测椭圆的外切菱形边也平行于轴测轴 O_1X_1、O_1Y_1。平行于 V 面、W 面上的圆的正等测椭圆的外切菱形边也应平行于相应的轴测轴。图 2-69 所示为分别垂直于 H 面、V 面、W 面的三个相贯等径圆柱的正等轴测图。

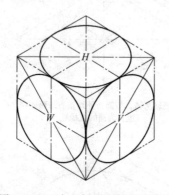

图 2-68　三个坐标面上圆的正等测

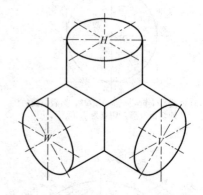

图 2-69　三方位正贯等径圆柱的正等测

③ 圆角的正等测近似画法　画正等轴测图时，常常会遇到画平行于基本投影面的圆角，为了提高绘图效率，可采用近似画法绘制圆角的正等轴测图。

 画出图 2-70（a）所示各圆角的正等轴测图。

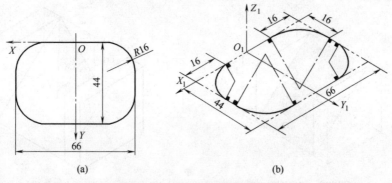

(a)　　　　　　　　　　　　(b)

图 2-70 圆角正等测近似画法

作图步骤：

① 确定坐标轴的位置，如图 2-70（a）所示；

② 画出 H 面的矩形（长 66、宽 44），各边线平行于相应的轴测轴（O_1X_1、 O_1Y_1），如图 2-70（b）所示；

③ 按照 R16 在四条边线上量取八个点（四个圆角的切点）；

④ 过各切点作各边线的垂线，两两相交获得四个交点；

⑤ 分别以四个交点为圆心，画圆弧连接切点，如图 2-70（b）所示。

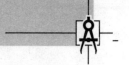

④ **组合体的正等测画法**　画组合体的正等轴测图时，也像画组合体三视图一样，要先进行形体分析，分析组合体的构成，然后再作图。作图时，可以先画出基本形体的轴测图（方箱法），然后再利用叠加法和切割法完成全图。另外，利用平行关系是加快作图速度和提高作图准确性的有效手段。

例 2-3　画出图 2-71 所示组合体的正等轴测图。

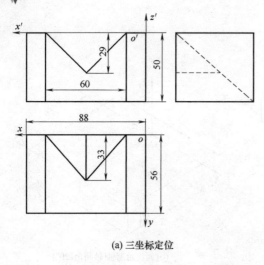

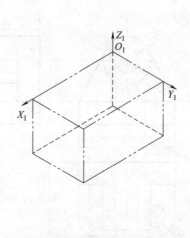

(a) 三坐标定位　　　　　　　　　　　(b) 画出轴测轴(轴间角120°)

图 2-71

059

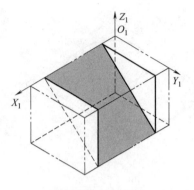

(c) 画好方箱，切出斜面

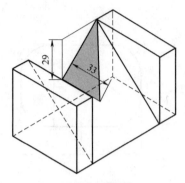

(d) 切出三角形缺口

图 2-71　组合体正等测画法（一）

作图步骤：

① 确定直角坐标轴位置；

② 方箱法，按照长、宽、高尺寸（88、56、50）画出基本长方体轮廓；

③ 切割法，按照尺寸 60 切出前后斜面；

④ 切割法，按照尺寸 33、29 确定三角形缺口底边位置，依次连点，画出三角形缺口轴测图。

提示

三角形缺口底边位置，必须平行轴测轴度量，绝不要直接度量斜线的尺寸。

例 2-4　画出图 2-72 所示组合体的正等轴测图。

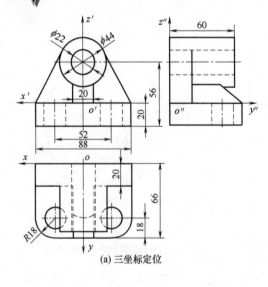

(a) 三坐标定位

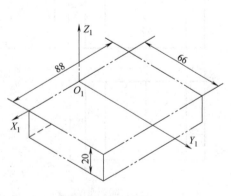

(b) 画出轴测轴(轴间角120°)

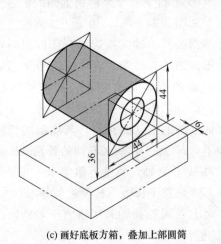

(c) 画好底板方箱，叠加上部圆筒   (d) 叠加后板及肋板，画出圆角、圆孔

图 2-72 组合体正等测画法（二）

作图步骤:

① 确定直角坐标轴位置;

② 方箱法，按照长、宽、高尺寸（88、66、20）画出长方体底板轮廓;

③ 叠加法，按照尺寸 6、36 定位圆筒前面，画出 44×44 以及 22×22 的椭圆外切菱形（图中仅显示出大菱形），用四心圆法画大、小椭圆;

④ 叠加法，按照尺寸画出相切的后板以及截交的肋板轴测图（切点及截交线必须根据三坐标精准定位）;运用圆角的近似画法，完成底板两个圆角的轴测图;小圆孔的轴测图，也需要先画出小椭圆的外切菱形再作图。

提示

三坐标定位确定切点和截交线轴测图。后板以及肋板的位置，必须平行轴测轴度量，绝不要直接度量斜线的尺寸。

（2）正二测

正二等轴测图简称正二测，立体形象比较平稳，符合人们的视角，国家标准也予以推荐。其轴测轴的位置如图 2-73 所示。轴测轴 O_1X_1、O_1Y_1 与水平线的夹角为 $7°10'$、$41°25'$;轴向变形系数 O_1X_1、O_1Z_1 为 0.94，O_1Y_1 为 0.47;简化系数 O_1X_1、O_1Z_1 为 1，O_1Y_1 为 0.5;按简化系数绘制的正二等轴测图比实际轴测图放大到 1.06 倍。

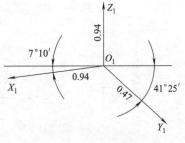

图 2-73 正二测轴测轴

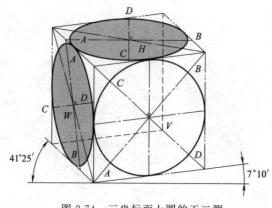

图 2-74　三坐标面上圆的正二测

① 平行于三个坐标面上圆的正二测画法　如图 2-74 所示，由于正二测的三个坐标轴都倾斜于轴测投影面，所以圆的正二等轴测图均为椭圆。其中有两个坐标轴与投影面的倾斜角度相同，故椭圆形状相同，而方位不同。根据理论计算，三个坐标面上圆的正二测投影，其椭圆的长短轴如下：H 面、W 面上椭圆的长轴 AB 垂直于 OZ、OX 轴，长度近似等于 $1.06d$；短轴 CD 垂直于长轴，长度近似等于 $0.35d$；V 面上椭圆的长轴 AB 垂直于 OY 轴，长度近似等于 $1.06d$；短轴 CD 垂直于长轴，长度近似等于 $0.94d$。

② 组合体的正二测画法

 画出图 2-75 所示的组合体正二等轴测图。

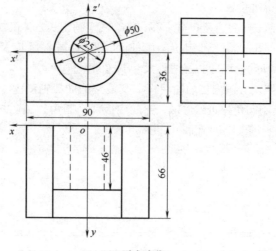

(a) 三坐标定位

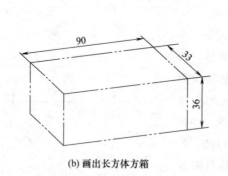

(b) 画出长方体方箱

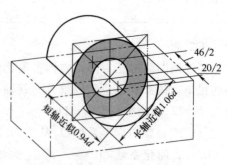

(c) 画出 V 面外切椭圆菱形，画出椭圆；
运用移心法，画出其余椭圆

图 2-75　组合体的正二测画法

作图步骤：

　① 确定直角坐标轴位置；

　② 方箱法，按照长、宽、高尺寸（90、33、36）画出长方体轮廓；

　③ 画出 V 面外切椭圆菱形，按照尺寸长轴 1.06d、短轴 0.94d 画出椭圆；运用移心法，按尺寸 20/2、46/2 确定平行分布的椭圆中心，画出其余椭圆。

(3) 斜二测

　① 斜二测的形成及基本参数　虽然，正二等轴测图因其看起来舒服，符合人们的视角，但是轴测轴的轴间角不规则，为作图带来许多不便。于是，通过改良，常常采用斜二测投影法画轴测图。斜二测投影是将物体的一个表面（如 XOZ 坐标面）平行于某个投影面，然后用倾斜于投影面的光线照射物体，而在轴测投影面上获得立体形象的方法。因其两个轴测轴的轴向变形系数相等，故称其为斜二等轴测图，简称斜二测。

　斜二测轴测轴的轴间角及轴向变形系数如图 2-76 所示。

　② 斜二测的特色　XOZ 坐标面的圆的轴测图仍为圆，即平行于 V 面的图形，其斜二测反映实形。X_1 和 Z_1 间的轴间角为 90°，此二轴的轴向变形系数等于 1，Y_1 轴与水平线倾斜 45°，其轴向变形系数为 0.5。当零件只有一个方向有圆或形状复杂时，为便于作图，宜采用斜二测表示。

　③ 平行于三个坐标面上圆的斜二测画法　如图 2-77 所示，平行于 V 面的圆，其斜二测仍为圆（反映实形）；平行 H 面的圆，其斜二测为椭圆，其长轴与 X 轴倾斜约 7°；平行 W 面的圆，其斜二测为椭圆，其长轴与 Z 轴倾斜约 7°；椭圆的长轴约为 1.06d、短轴约为 0.33d。

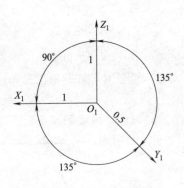

图 2-76　斜二测轴测轴

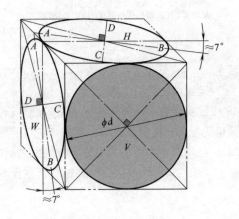

图 2-77　三坐标面上圆的斜二测

　④ 组合体的斜二测画法

　画出图 2-78 所示组合体的斜二等轴测图。

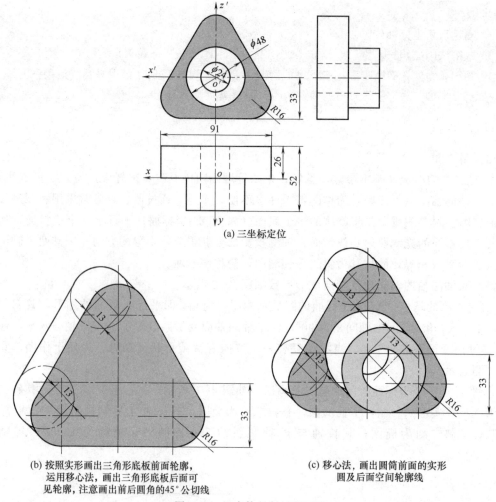

(a) 三坐标定位

(b) 按照实形画出三角形底板前面轮廓，
运用移心法，画出三角形底板后面可
见轮廓，注意画出前后圆角的45°公切线

(c) 移心法，画出圆筒前面的实形
圆及后面空间轮廓线

图 2-78　组合体的斜二测画法

作图步骤:

　　① 确定直角坐标轴位置;

　　② 按照实形画出三角形底板前面轮廓，运用移心法，向后 45° 量取 26/2，画出三角形底板后面可见轮廓，注意画出前、后圆角的 45° 公切线;

　　③ 从三角形底板前面再往前量取 26/2，画出圆筒前面的实形圆，再运用移心法，向后 45° 量取 26/2，画出圆筒后面可见轮廓，注意画出前、后圆的 45° 公切线。

提示

　　斜二测能反映物体正面的实形，且作图方便，特别适用于单面有较多圆的机件轴测图。移心法，方便画平行分布的圆。

(4) 轴测剖视图

为了表达零件的内部结构，可假想用两个剖切平面沿着轴向剖切物体，画成轴测剖视图。并按图 2-79 所示的方向在剖面区域画上剖面符号（剖面线）。

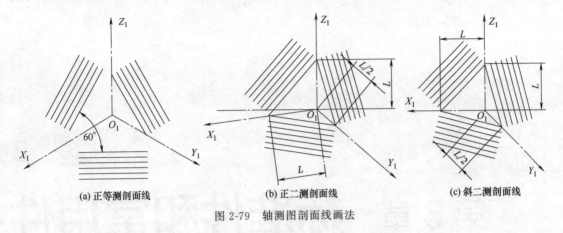

(a) 正等测剖面线　　　　　(b) 正二测剖面线　　　　　(c) 斜二测剖面线

图 2-79　轴测图剖面线画法

图 2-80（a）所示为正等测剖视图示例，图 2-80（b）所示为正二测剖视图示例。

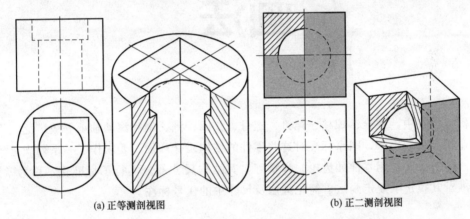

(a) 正等测剖视图　　　　　　　　　　(b) 正二测剖视图

图 2-80　轴测剖视图示例

(5) 徒手画轴测图

在徒手绘制轴测图时，应注意以下四点。

① 一定要沿着轴的方向度量，不平行轴方向的线段，不易直接度量。

② 同方向的图线要保持平行，才不失真。

③ 辨明不同方向椭圆的长短轴方位。

④ 尽量掌握各个部分的大致比例。

提示

画轴测图时，往往先用方箱法画出平面体外轮廓，然后运用叠加法、切割法完成细节部分。圆的轴测图往往先画出菱形，再画椭圆。

第3章 标准件和常用件画法

在机械设备中，螺栓、螺柱、螺钉、螺母、垫圈、键、销和滚动轴承等被广泛应用，为适应专业化大批量生产，国家标准对这些零件的结构尺寸和加工要求作了一系列规定，称为标准件。还有一些常用零件如齿轮、弹簧等，其结构尺寸部分实行了标准化，称为常用件。国家标准对其执定了规定画法、简化画法及尺寸中的代号标注。

3.1 螺纹连接

(1) 螺纹的规定画法

① 螺纹的五要素

a. 牙形：普通螺纹牙形为 60°的等边三角形（特征代号为 M），管螺纹牙形为 55°的等腰三角形（特征代号有 G、R、Rc、Rp），以上两种螺纹是起连接作用的；起传动作用的螺纹，其牙形有梯形（特征代号为 Tr）、锯齿形（特征代号为 B）、矩形（属非标准螺纹，无特征代号）。

b. 螺纹公称直径：为大径，另外还有小径和中径。

c. 线数 n：螺旋线条数（沿一条螺旋线形成的螺纹称单线螺纹，沿两条以上螺旋线形成的螺纹称多线螺纹）。

d. 导程和螺距：螺距 P 为螺纹相邻两牙在中径线上对应两点间的轴向距离；导程 P_h 为同一条螺旋线上相邻两牙在中径线上对应两点间的轴向距离。显然 $P_h = nP$，单线螺纹的导程等于螺距。

e. 旋向：螺纹有右旋和左旋之分，向右拧旋进的称为右旋螺纹，向左拧旋进的称左旋螺纹，工程上右旋螺纹用得较多。

内、外螺纹旋合必须五要素完全相同，国家标准对其中的牙形、公称直径和螺距作了规定，凡是符合这三项规定的称为标准螺纹，仅牙形符合规定的称为特殊螺纹，连牙形也不符合规定的称为非标准螺纹（如矩形螺纹）。

② 外螺纹规定画法　如图 3-1 所示。

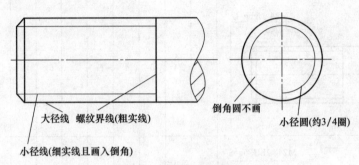

图 3-1　外螺纹规定画法

③ 内螺纹规定画法　如图 3-2 所示，一般采用剖视图表达。

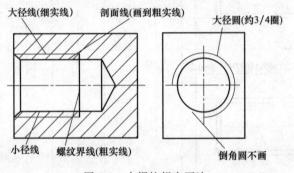

图 3-2　内螺纹规定画法

④ 内、外螺纹旋合规定画法　如图 3-3 所示。

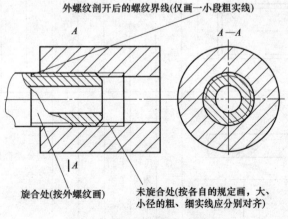

图 3-3　内外螺纹旋合规定画法

（2）螺纹的分类和标注

螺纹的分类和标注见表 3-1

表 3-1　螺纹的分类和标注

用途	类型	代号标注示例	标注代号含义								备注
			螺纹代号			线数	旋向	公差带代号		旋合长度	
			特征	直径	螺距			中径	顶径		
连接	普通粗牙螺纹	M24-5g6g-L	M	24	3	1	右	5g	6g	L	L 表示长旋合（旋合深度大于螺纹大径的 2 倍）
	普通细牙螺纹	M24×2LH-6g-S	M	24	2	1	左	6g	6g	S	S 表示短旋合（旋合深度约等于螺纹大径）
传动	梯形螺纹	Tr40×14(P7)LH-8e-L	Tr	40	7	2	左	8e		L	
传动	锯齿形螺纹	B90×12LH-7e	B	90	12	1	左	7e		N（不标注）	N 表示中等旋合长度（旋合深度约等于螺纹大径的 1.5 倍）
连接	55°非螺纹密封管螺纹	G1A	G	尺寸代号为 1	每英寸 11 个牙	1	右	公差带代号为 A			管螺纹应从大径画出指引线进行标注

续表

用途	类型	代号标注示例	标注代号含义								备注
			螺纹代号			线数	旋向	公差带代号		旋合长度	
			特征	直径	螺距			中径	顶径		
密封	55°螺纹密封管螺纹	Rc1/2	Rc	尺寸代号为1/2	每英寸14个牙	1	右				Rc 为圆锥内螺纹
		R₁1/2-LH	R₁	尺寸代号为1/2	每英寸14个牙	1	左				R₁ 为与圆柱内螺纹相配合的圆锥外螺纹（R₂ 为与圆锥内螺纹相配合的圆锥外螺纹）
		Rp3/4	Rp	尺寸代号为3/4	每英寸14个牙	1	右				Rp 为圆柱内螺纹

(3) 常用螺纹紧固件画法

常用螺纹紧固件的画法见表 3-2。

表 3-2 常用螺纹紧固件的画法

螺栓
比例画法

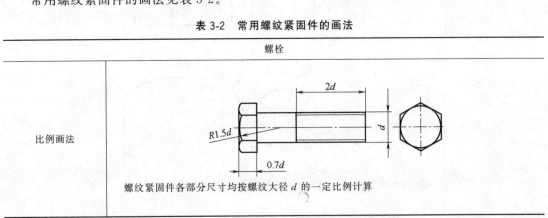

螺纹紧固件各部分尺寸均按螺纹大径 d 的一定比例计算

续表

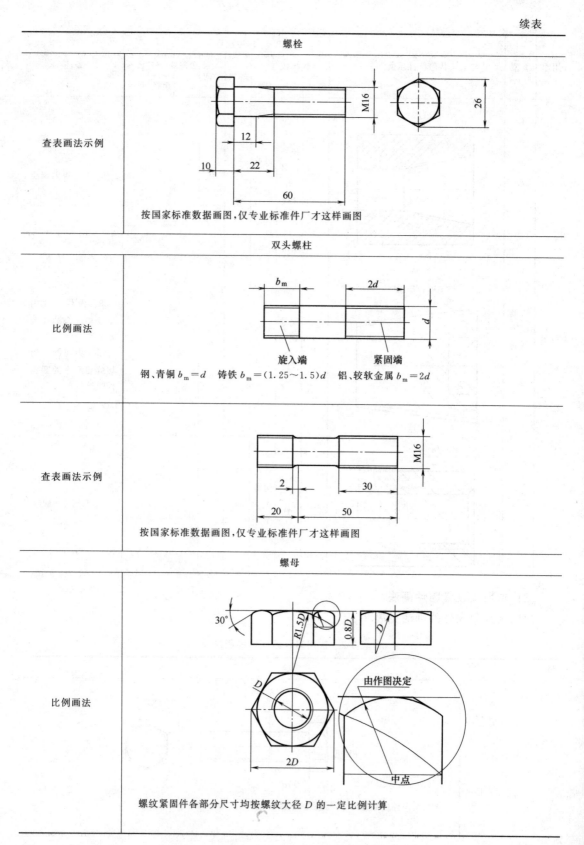

| 螺栓 |
| 查表画法示例 |
| 按国家标准数据画图，仅专业标准件厂才这样画图 |

| 双头螺柱 |
| 比例画法 |
| 钢、青铜 $b_m=d$　铸铁 $b_m=(1.25\sim1.5)d$　铝、较软金属 $b_m=2d$ |
| 查表画法示例 |
| 按国家标准数据画图，仅专业标准件厂才这样画图 |

| 螺母 |
| 比例画法 |
| 螺纹紧固件各部分尺寸均按螺纹大径 D 的一定比例计算 |

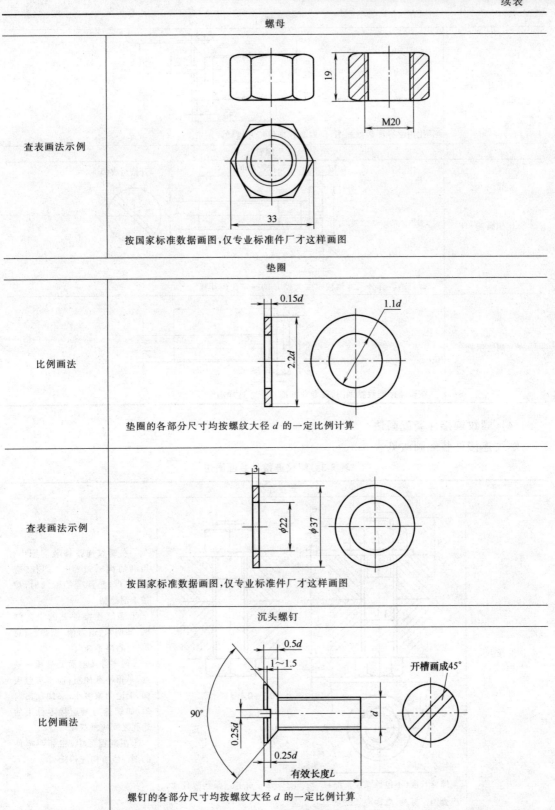

螺母	
查表画法示例	按国家标准数据画图,仅专业标准件厂才这样画图
垫圈	
比例画法	垫圈的各部分尺寸均按螺纹大径 d 的一定比例计算
查表画法示例	按国家标准数据画图,仅专业标准件厂才这样画图
沉头螺钉	
比例画法	螺钉的各部分尺寸均按螺纹大径 d 的一定比例计算

续表

沉头螺钉	
查表画法示例	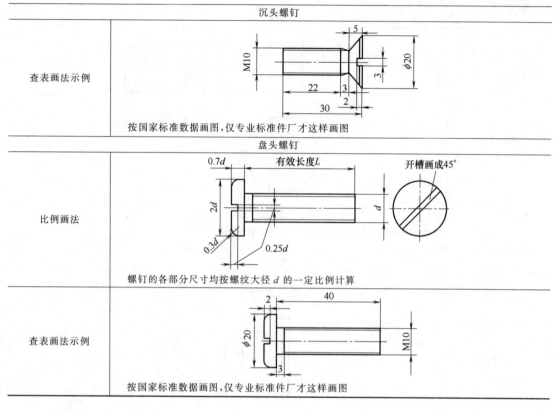
	按国家标准数据画图,仅专业标准件厂才这样画图

盘头螺钉

比例画法	螺钉的各部分尺寸均按螺纹大径 d 的一定比例计算
查表画法示例	按国家标准数据画图,仅专业标准件厂才这样画图

(4) 螺纹连接件装配画法

螺纹连接件装配画法见表 3-3。

表 3-3 螺纹连接件装配画法

螺栓连接		
比例画法	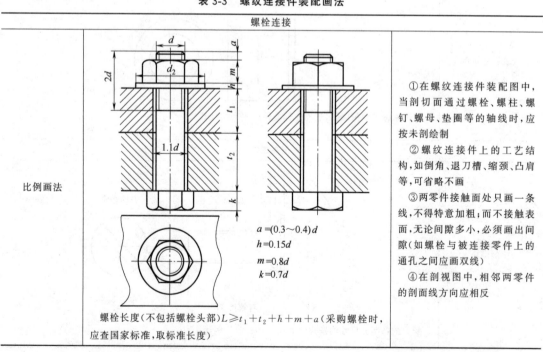	①在螺纹连接件装配图中,当剖切面通过螺栓、螺柱、螺钉、螺母、垫圈等的轴线时,应按未剖绘制 ②螺纹连接件上的工艺结构,如倒角、退刀槽、缩颈、凸肩等,可省略不画 ③两零件接触面处只画一条线,不得特意加粗;而不接触表面,无论间隙多小,必须画出间隙(如螺栓与被连接零件上的通孔之间应画双线) ④在剖视图中,相邻两零件的剖面线方向应相反

$a = (0.3 \sim 0.4)d$
$h = 0.15d$
$m = 0.8d$
$k = 0.7d$

螺栓长度(不包括螺栓头部)$L \geqslant t_1 + t_2 + h + m + a$(采购螺栓时,应查国家标准,取标准长度)

续表

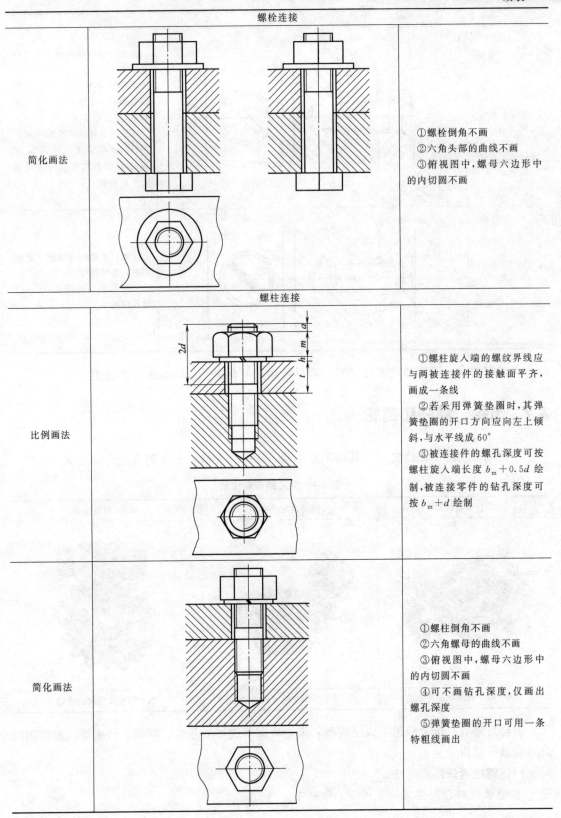

螺栓连接

简化画法

①螺栓倒角不画
②六角头部的曲线不画
③俯视图中,螺母六边形中的内切圆不画

螺柱连接

比例画法

①螺柱旋入端的螺纹界线应与两被连接件的接触面平齐,画成一条线
②若采用弹簧垫圈时,其弹簧垫圈的开口方向应向左上倾斜,与水平线成 $60°$
③被连接件的螺孔深度可按螺柱旋入端长度 $b_m + 0.5d$ 绘制,被连接零件的钻孔深度可按 $b_m + d$ 绘制

简化画法

①螺柱倒角不画
②六角螺母的曲线不画
③俯视图中,螺母六边形中的内切圆不画
④可不画钻孔深度,仅画出螺孔深度
⑤弹簧垫圈的开口可用一条特粗线画出

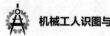

螺钉连接		
比例画法	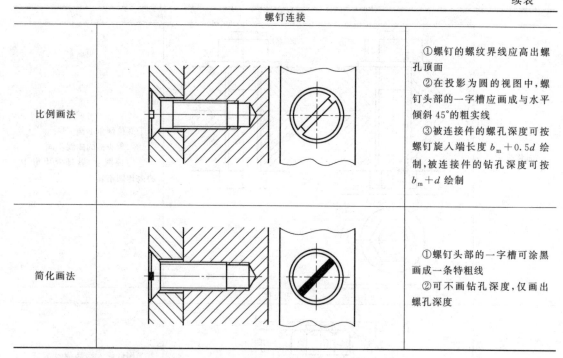	①螺钉的螺纹界线应高出螺孔顶面 ②在投影为圆的视图中,螺钉头部的一字槽应画成与水平倾斜 45°的粗实线 ③被连接件的螺孔深度可按螺钉旋入端长度 $b_m + 0.5d$ 绘制,被连接件的钻孔深度可按 $b_m + d$ 绘制
简化画法		①螺钉头部的一字槽可涂黑画成一条特粗线 ②可不画钻孔深度,仅画出螺孔深度

在装配图中,遇到螺纹连接件时,应尽量采用简化画法,以提高绘图速度。

3.2 齿轮、蜗杆和蜗轮

齿轮是常用的传动件之一,其功用是传动、变速、变向。常见的齿轮传动见表 3-4。

表 3-4 常见的齿轮传动

圆柱齿轮传动	圆锥齿轮传动	蜗杆、蜗轮传动
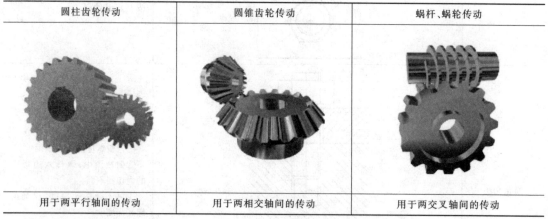		
用于两平行轴间的传动	用于两相交轴间的传动	用于两交叉轴间的传动

齿轮齿形有直齿、斜齿、人字齿等;齿轮齿廓曲线有渐开线、摆线、圆弧等。最常用的是直齿渐开线齿轮。

(1) 圆柱齿轮规定画法

① 直齿圆柱齿轮要素　见图 3-4 和表 3-5～表 3-7。

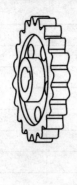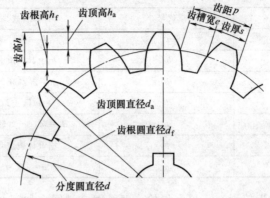

图 3-4 直齿圆柱齿轮要素

表 3-5 直齿圆柱齿轮要素

名称	代号	说明
齿数	z	轮齿的个数
齿顶圆直径	d_a	通过轮齿顶部的圆的直径
齿根圆直径	d_f	通过轮齿根部的圆的直径
分度圆直径	d	人为设定的基准圆的直径(方便设计和分齿)
齿顶高	h_a	齿顶圆与分度圆之间的径向距离
齿根高	h_f	齿根圆与分度圆之间的径向距离
齿高	h	齿顶圆与齿根圆之间的径向距离
齿距	p	分度圆上相邻两齿廓对应点之间的弧长 $p=s+e$
齿厚	s	分度圆上轮齿的弧长 $s=e$
齿槽宽	e	分度圆上齿间的弧长
模数	m	人为设置的参数,因分度圆的周长 $\pi d=pz$,则 $d=pz/\pi$ 由于出现了无理数 π,使分度圆直径 d 的计算无法准确,便设 $m=p/\pi$,称为模数,单位为 mm,为便于设计和制造,规范齿轮成形刀具,模数已标准化,渐开线齿轮的标准模数见表 3-6
齿形角	α	一对啮合齿轮,在分度圆上啮合点的法线方向与切线方向所夹的锐角(即受力方向与运动方向的夹角),标准齿形角 $\alpha=20°$
中心距	a	两圆柱齿轮轴线间的距离

表 3-6 渐开线圆柱齿轮模数系列　　　　　　　　　　　　　　　mm

第一系列	1　1.25　1.5　2　2.5　3　4　5　6　8　10　12　16　20　25　32　40　50
第二系列	1.75　2.25　2.75　(3.25)　3.5　(3.75)　4.5　5.5　(6.5)　7　9　(11)　14　18　22　28

表 3-7 标准圆柱直齿轮计算公式

名称	代号	计算公式	举例
齿数	z	据设计确定	$z=40$
模数	m	据设计确定	$m=4\mathrm{mm}$
分度圆直径	d	$d=mz$	$d=160\mathrm{mm}$

名称	代号	计算公式	举例
齿顶高	h_a	$h_a = m$	$h_a = 4\,\text{mm}$
齿根高	h_f	$h_f = 1.25m$	$h_f = 5\,\text{mm}$
齿高	h	$h = 2.25m$	$h = 9\,\text{mm}$
齿顶圆直径	d_a	$d_a = m(z+2)$	$d_a = 168\,\text{mm}$
齿根圆直径	d_f	$d_f = m(z-2.5)$	$d_f = 150\,\text{mm}$
齿宽	b	据设计确定	
齿形角	α	$\alpha = 20°$	$\alpha = 20°$

② 单个圆柱齿轮画法　单个齿轮一般画两个视图，如图 3-5 所示。

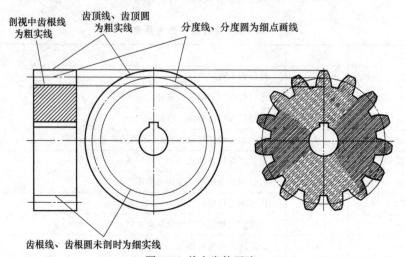

图 3-5　单个齿轮画法

提示

- 齿顶线和齿顶圆采用粗实线。
- 分度线和分度圆采用细点画线。
- 齿根线和齿根圆在未剖视图中采用细实线（也可省略不画）。
- 在剖视图中，无论剖切面是否剖切到轮齿，其轮齿部分均不画剖面线，此处齿根线采用粗实线。

圆柱齿轮零件图参数表位于图纸右上角，一般需注明齿轮的模数 m、齿数 z、齿形角 $\alpha = 20°$ 和精度等级等，如图 3-6 所示。

③ 圆柱齿轮啮合画法　圆柱齿轮啮合一般也画两个视图，如图 3-7 所示。

(2) 圆锥齿轮规定画法

圆锥齿轮的齿形是在圆锥表面切制出来的，所以轮齿一端大，另一端小，齿厚是逐渐变化的，直径和模数也随之变化。为便于设计制造，国家标准规定以大端模数为标准值。一对圆锥齿轮啮合必须模数相同。

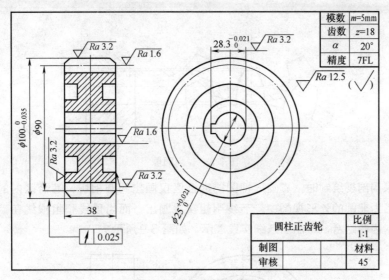

模数	m=5mm
齿数	z=18
α	20°
精度	7FL

圆柱正齿轮		比例	
		1:1	
制图		材料	
审核		45	

图 3-6 圆柱齿轮零件图

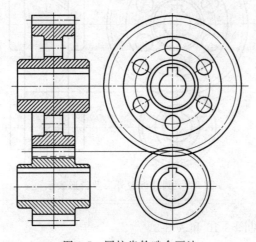

图 3-7 圆柱齿轮啮合画法

 提示

• 两标准齿轮啮合的中心距

$$a = \frac{d_1}{2} + \frac{d_2}{2} = \frac{m}{2}(z_1 + z_2)$$

• 在圆形视图中，两节圆（标准齿轮的节圆即分度圆）应相切，啮合区内的齿顶圆采用粗实线，齿根圆采用细实线（一般省略不画）。

• 在非圆剖视图中，啮合区内应画五条线，中间为节线，两侧为两齿轮的齿顶线和齿根线，这是由于一齿轮的齿顶线与另一齿轮的齿根线有 0.25m 的径向间隙（图 3-8）所致。国家标准规定将一齿轮的齿顶线画成虚线。

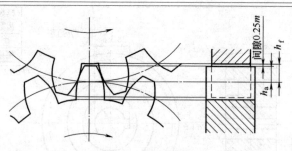

图 3-8   径向间隙

• 当不采用剖视绘制时，其圆形视图的啮合区仅画出两圆相切，啮合区内的齿顶圆省略不画；在投影为非圆的外形视图中，节线用粗实线画出，而齿顶线和齿根线在啮合区内均不画出。若为斜齿轮啮合，可用三条细实线表示，如图 3-9 所示。

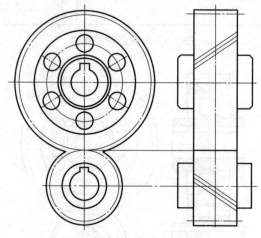

图 3-9   圆柱齿轮外形及齿形表示

① 圆锥齿轮要素   见图 3-10 和表 3-8。

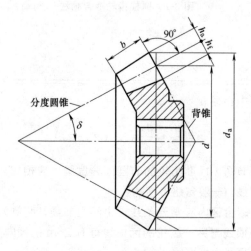

图 3-10   圆锥齿轮要素

提示

- δ 为分度圆锥角。
- 背锥素线垂直于分度圆锥素线。

表 3-8 圆锥齿轮计算公式

名称	计算公式	名称	计算公式
分度圆直径	$d = mz$	齿高	$h = 2.2m$
齿顶圆直径	$d_a = m(z + 2\cos\delta)$	齿顶高	$h_a = m$
齿根圆直径	$d_f = m(z - 2.4\cos\delta)$	齿根高	$h_f = 1.2m$

② 单个圆锥齿轮画法 如图 3-11 所示。

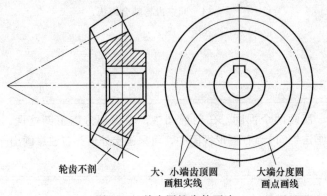

轮齿不剖　　大、小端齿顶圆　　大端分度圆
　　　　　　画粗实线　　　　画点画线

图 3-11 单个圆锥齿轮画法

提示

- 圆锥齿轮一般画两个视图，在剖视图中，轮齿部分按不剖处理。
- 在圆形视图中，轮齿部分只画三个圆——大、小端齿顶圆采用粗实线，大端分度圆采用点画线。
- 圆锥齿轮外形画法如图 3-12 所示，只画齿顶圆锥（粗实线）和分度圆锥（点画线）。
- 圆锥齿轮齿形表示如图 3-13 所示。

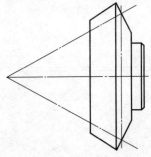

图 3-12 圆锥齿轮外形画法

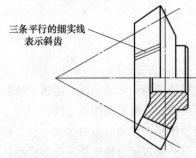

三条平行的细实线
表示斜齿

图 3-13 圆锥齿轮齿形方向

③ 圆锥齿轮啮合画法　如图 3-14 所示。

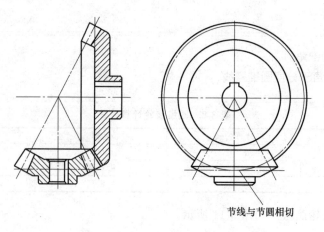

节线与节圆相切

图 3-14　圆锥齿轮啮合画法

提示

　　圆锥齿轮啮合一般画两个视图，在剖视图中，轮齿部分按不剖处理，啮合区画五条线（与圆柱齿轮啮合画法相同）；在圆形视图中，可只画出外形，应注意画出一齿轮的节线与另一齿轮的节圆相切。

(3) 蜗杆、蜗轮规定画法

　　蜗杆和蜗轮的齿向是螺旋形，为便于啮合，蜗轮的齿顶面制成弧面，传动时蜗杆是主动件。蜗杆、蜗轮传动可以获得较大的传动比，且结构紧凑、无噪声，但传动效率低，加工轮齿的轮缘部位往往要用耐磨的有色合金制造。一对蜗杆、蜗轮啮合必须模数、导程角、螺旋角、旋向相同。

　　① 蜗杆规定画法　如图 3-15 所示。
　　② 蜗轮规定画法　如图 3-16 所示。

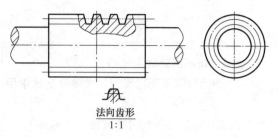

法向齿形
1:1

图 3-15　蜗杆规定画法

提示

　　• 蜗杆的齿顶线和齿顶圆采用粗实线。
　　• 分度线和分度圆采用点画线。
　　• 齿根线和齿根圆采用细实线（也可省略不画）。
　　• 齿形一般应画出轴向和法向断面图。

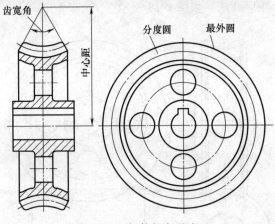

图 3-16 蜗轮规定画法

提示

- 蜗轮一般画两个视图，在剖视图中，轮齿部分按不剖处理。
- 在圆形视图中，轮齿部分只画两个圆——最外圆采用粗实线，分度圆采用点画线。

③ 蜗杆、蜗轮啮合剖视画法　如图 3-17 所示。

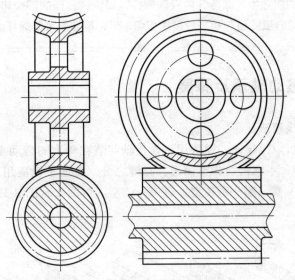

图 3-17 蜗杆、蜗轮啮合剖视画法

提示

蜗轮主视图中，啮合区内假设蜗轮轮齿被挡住可不画出，在蜗轮投影为圆的视图中，蜗轮分度圆应与蜗杆分度线相切，啮合区内的重叠部位均可不画。

④ 蜗杆、蜗轮啮合外形画法　如图 3-18 所示。

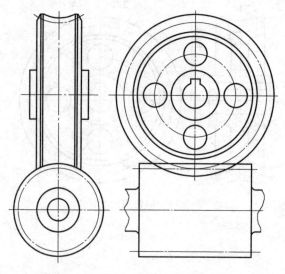

图 3-18　蜗杆、蜗轮啮合外形画法

提示

　　在蜗杆投影为圆的视图中，啮合区内只画蜗杆，蜗轮被遮挡的部位可省略不画；在蜗轮投影为圆的视图中，蜗轮分度圆应与蜗杆分度线相切，蜗轮最外圆可与蜗杆齿顶线相交画出。

3.3　键、销、滚动轴承及弹簧

(1) 普通平键连接画法

键的功用是传递扭矩或导向。通常用于连接轴与装在轴上的传动零件（如齿轮、凸轮、带轮等）。有普通平键、半圆键、钩头楔键、花键之分。普通平键应用最广，根据其头部结构不同可分为三种：A 型，圆头；B 型，方头；C 型，单圆头（图 3-19）。普通平键连接画法见表 3-9。

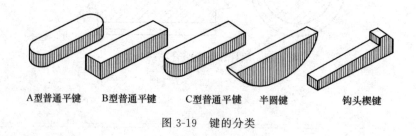

A型普通平键　　B型普通平键　　C型普通平键　　半圆键　　　钩头楔键

图 3-19　键的分类

(2) 半圆键连接画法

半圆键常用于载荷不大的传动轴，其特点是调心性能较好。半圆键连接画法见表 3-10。

表 3-9　普通平键连接画法

类型	画法
A 型	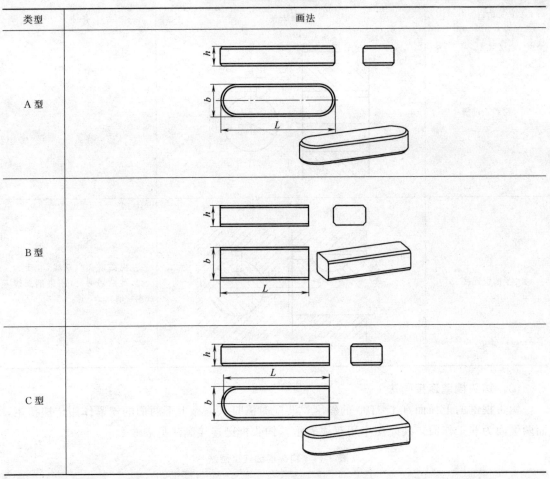
B 型	
C 型	

表 3-10　半圆键连接画法

项目	画法	备注
半圆键	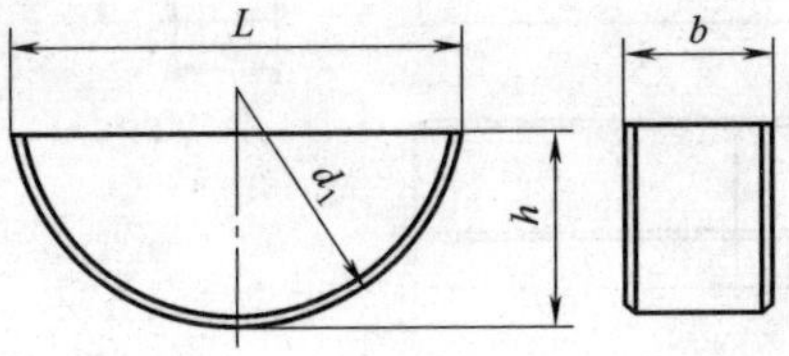	
轴上键槽	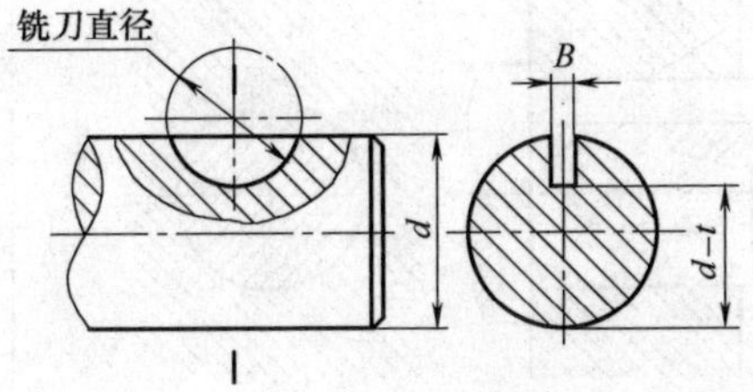 铣刀直径	

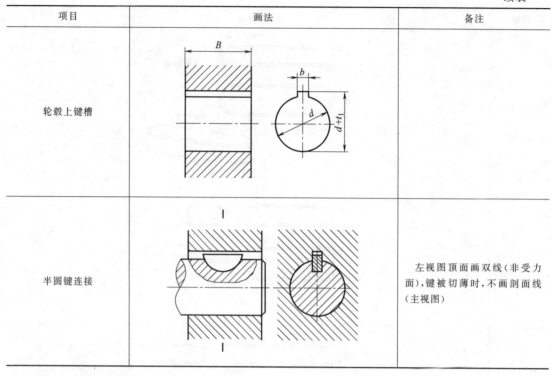

项目	画法	备注
轮毂上键槽		
半圆键连接		左视图顶面画双线（非受力面），键被切薄时，不画剖面线（主视图）

（3）钩头楔键连接画法

钩头楔键的上顶面有 1：100 的斜度，装配时需打入，靠上下两面的楔紧作用传递扭矩，而两侧面为非工作面，装配图中用双线表示，钩头楔键连接画法见表 3-11。

表 3-11　钩头楔键连接画法

项目	画法	备注
钩头楔键	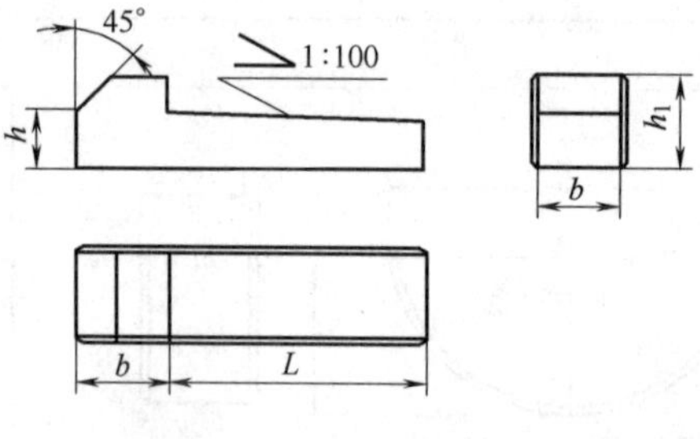	
钩头楔键连接	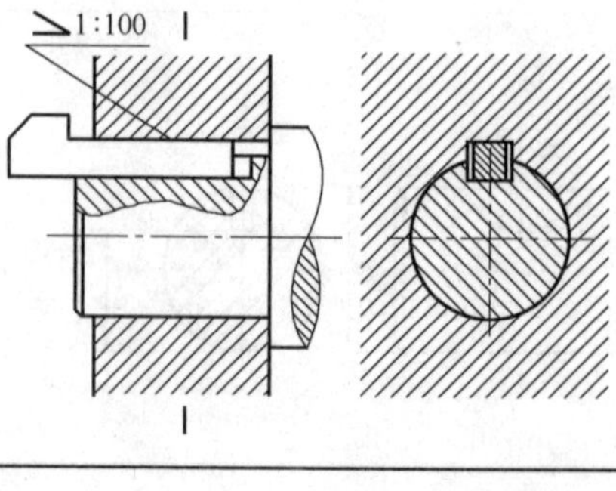	左视图两侧画双线（非受力面），键被切薄时，不画剖面线（主视图）

(4) 花键连接画法

花键能传递较大扭矩,且导向性和同轴度好。花键的齿形有矩形、梯形、三角形和渐开线形等,矩形花键应用较广。花键连接画法见表3-12。

表 3-12 花键连接画法

项目	画法	备注
外花键 (剖视画法)	 键齿不剖,且大、小径均画粗实线　终止端画细实线　*b*　6齿　*D*　*d*　*L*(工作长度)　尾剖末端画细实线　小径画细实线	
外花键 (外形画法)	 大径画粗实线　*L*(工作长度)　小径画细实线	
内花键 (剖视画法)		键齿不剖,且大、小径均画粗实线;用局部视图(圆形视图)画出部分齿形,再用细实线画出大径圆
花键连接 (剖视画法)		连接部分按外花键绘制,非连接部分按各自的规定画法绘制

(5) 销连接画法

销用于定位、连接和锁定,常用的销有圆柱销、圆锥销和开口销等。销是标准件,其规格、尺寸可从有关标准中查得。销的简图见表3-13。

表 3-13　销的简图

类型	画法
圆柱销	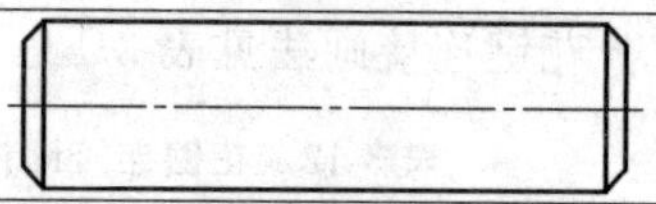
圆锥销	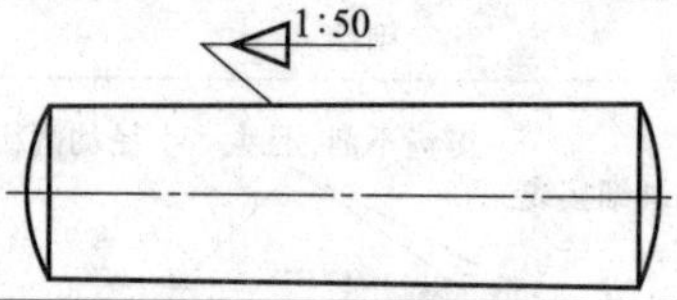 1:50
开口销	

　　圆柱销和圆锥销的装配要求较高，往往采用过渡配合，销孔一般要求配钻，装配画法见表 3-14。

表 3-14　销的装配画法

项目	画法	备注
圆柱销装配	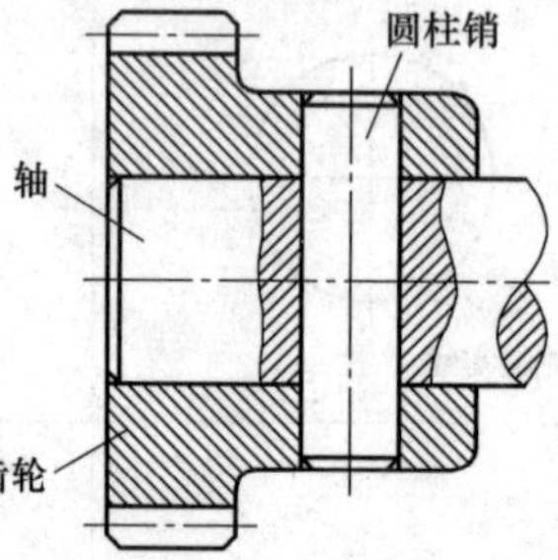 圆柱销 轴 齿轮	销与被连接件上的销孔属配合关系，接触面应画单线；销是实心件，剖视图中切薄时不应画剖面线
圆锥销装配	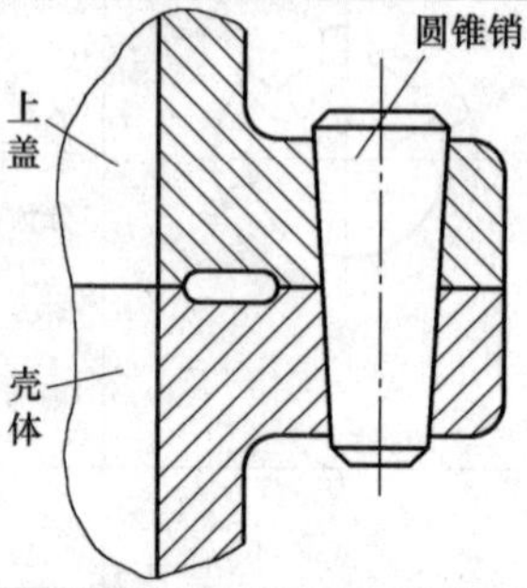 圆锥销 上盖 壳体	销与被连接件上的销孔属配合关系，接触面应画单线；销是实心件，剖视图中切薄时不应画剖面线；为使圆锥销的锥度醒目，可夸大画出
开口销装配	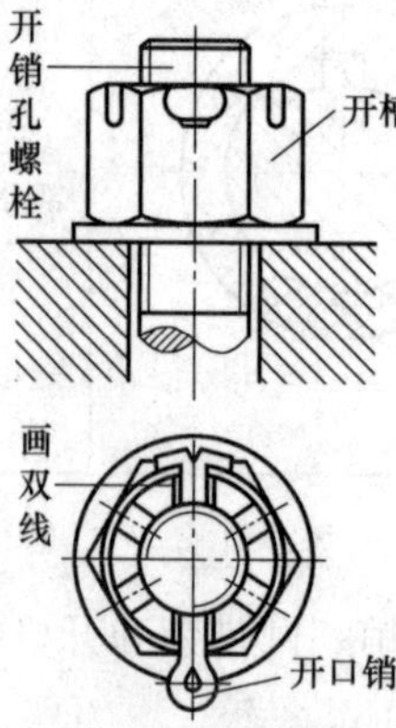 开销孔螺栓 开槽螺母 画双线 开口销	开口销常与开槽螺母及开销孔螺栓配合使用；开口销的装配不属于配合关系，邻接处要画双线；开口销的公称直径是指与之匹配的销孔直径，故开口销的实际直径应小于公称直径

(6) **滚动轴承画法**

滚动轴承是支承转轴的标准部件，它具有结构紧凑、摩擦阻力小、旋转精度高、使用寿命长等优点，应用广泛。滚动轴承一般由四部分组成：外圈，安装在机座孔中，固定不动，一般为过渡配合；内圈，套装在轴上，随轴一起转动，一般为过渡配合；滚动体，安装在内、外圈的滚道中，形成损耗动能少的滚动摩擦；保持架，用于将滚动体均匀隔开。滚动轴承按受力方向分以下三种（图 3-20）：向心轴承，主要承受径向载荷，如深沟球轴承；推力轴承，只承受轴向载荷，如推力球轴承；向心推力轴承，同时承受径向和轴向载荷，如圆锥滚子轴承。

(a) 向心轴承　　　　　　　　　　(b) 推力轴承　　　　　　　　(c) 向心推力轴承

图 3-20　滚动轴承

 提示

　　滚动轴承属标准部件，由专业工厂生产，故不必画部件图，在装配图中按国家标准规定绘制即可。滚动轴承的画法分为简化画法和规定画法两类，简化画法又分为通用画法和特征画法两种，但在同一图样中一般只采用其中一种画法。国家标准规定：在装配图中不需要准确表示其形状和结构时，可采用简化画法；必要时，如在滚动轴承的产品图样、产品样本、产品标准、用户手册和使用说明书中采用规定画法。

绘制滚动轴承的具体规定如下。

① 滚动轴承视图的外轮廓按外径 D、内径 d、宽度 B 等实际尺寸绘制；而轮廓内可用通用画法或特征画法绘制。

② 剖视图中，用简化画法绘制滚动轴承时，一律不画剖面线；用规定画法绘制时，轴承的滚动体不画剖面线，其余各套圈可绘制方向和间隔相同的剖面线，在不致引起误解时允许省略。

③ 在垂直于轴线的视图中，滚动轴承的规定画法和特征画法如图 3-21 所示。

④ 在装配图中需详细表达滚动轴承的主要结构时，可采用规定画法。

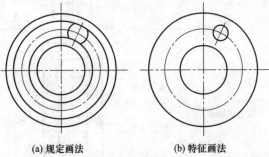

(a) 规定画法　　　　　　　(b) 特征画法

图 3-21　垂直于轴线的视图中滚动轴承的规定画法和特征画法

滚动轴承通用画法如图 3-22 所示。

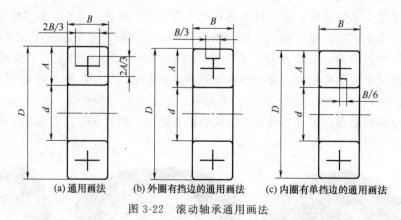

(a) 通用画法　　　　(b) 外圈有挡边的通用画法　　　(c) 内圈有单挡边的通用画法

图 3-22　滚动轴承通用画法

滚动轴承规定画法及特征画法见表 3-15。

表 3-15　滚动轴承规定画法及特征画法

轴承类型	规定画法	特征画法
深沟球轴承		
圆锥滚子轴承		
推力球轴承		

(7) 圆柱螺旋压缩弹簧画法

弹簧是机器中的常用件，具有减振、夹紧、测力、储能、复位等功能。常用的弹簧有圆柱螺旋弹簧、板弹簧、平面涡卷弹簧等。其中圆柱螺旋弹簧应用广泛，按受力不同可分为压缩弹簧、拉伸弹簧和扭转弹簧，如图 3-23 所示。

① 圆柱螺旋压缩弹簧各部分名称及尺寸关系

a. 簧丝直径：弹簧丝的直径 d，如图 3-24 所示。

b. 弹簧外径：弹簧最大直径 D。

c. 弹簧内径：弹簧最小直径 D_1。

d. 弹簧中径：弹簧平均直径 D_2，$D_2=(D_1+D)/2=D_1+d=D-d$。

(a) 压缩弹簧　　(b) 拉伸弹簧　　(c) 扭转弹簧

图 3-23　圆柱螺旋弹簧

e. 支承圈数：为使弹簧保持平稳，将两端并紧磨平的支承圈数 n_2，支承圈仅起支承作用，一般有 1.5 圈、2 圈、2.5 圈三种，以 2.5 圈居多。

f. 有效圈数：弹簧参与工作并能保持相同节距的圈数 n。

g. 总圈数：支承圈数和有效圈数之和 n_1，$n_1=n+n_2$。

h. 节距：相邻两有效圈上，对应点间的轴向距离 t。

i. 自由高度：未受外力作用时的弹簧高度 H_0，$H_0=nt+(n_2-0.5)d$。

j. 展开长度：制造弹簧的金属丝长度 L，按螺旋线展开，L 的计算式为 $L\approx n_1\sqrt{(\pi D_2)^2+t^2}$。

② 圆柱螺旋压缩弹簧规定画法

a. 在平行于螺旋压缩弹簧轴线投影面的视图中，各圈的轮廓线画成直线。

b. 有效圈数在 4 圈以上的螺旋弹簧只画出两端的 1～2 圈（不算支承圈），中间只需用细点画线连起来。

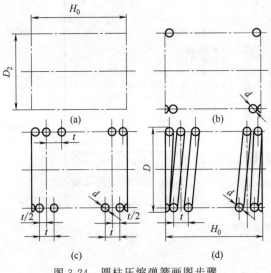

图 3-24　圆柱压缩弹簧画图步骤

c. 右旋弹簧在图上一定要画成右旋；左旋弹簧无论画成左旋或右旋，均需在图上加注"左"字。

d. 国家标准规定，无论支承圈数多少，均按 2.5 圈形式绘制；必要时也可按支承圈的实际结构画出。

圆柱螺旋压缩弹簧的作图步骤如图 3-24 所示。

③ 圆柱螺旋压缩弹簧装配图画法

装配图中画弹簧时，在剖视图中允许只画出弹簧丝断面，当弹簧丝直径在图样上小于或等于 2mm 时，弹簧丝断面全部涂黑，如图 3-25（a）所示；弹簧后面被挡住的零件轮廓不必画出，如图 3-25（b）

所示；采用示意画法时，弹簧用单线画出，如图 3-25（c）所示。

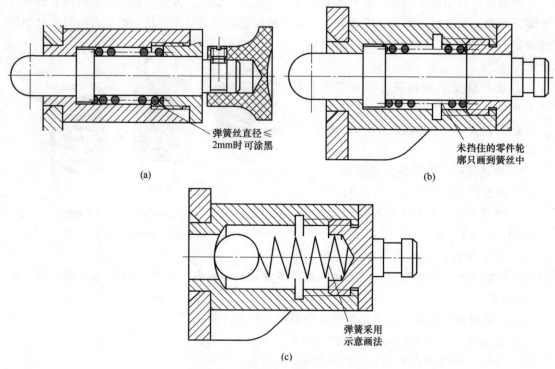

图 3-25 装配图中弹簧的规定画法

④ 圆柱螺旋压缩弹簧零件图示例 如图 3-26 所示。弹簧零件图一般只画一个基本视图，但一定要画出受力图（注明预加载荷、工作载荷和极限载荷），技术要求中应注明展开长度、总圈数等。

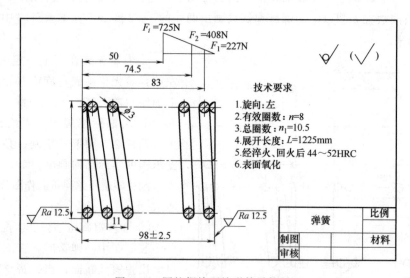

图 3-26 圆柱螺旋压缩弹簧零件图

第4章 基准选择与图样标注

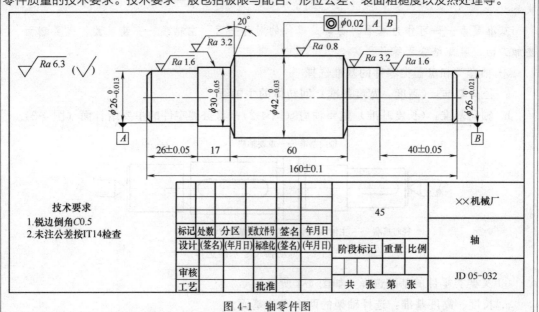

提示

　　如图 4-1 所示，一张完整的工程图除了要正确表达零件形状、结构和尺寸外，还需要标注限定零件质量的技术要求。技术要求一般包括极限与配合、形位公差、表面粗糙度以及热处理等。

图 4-1 轴零件图

4.1 尺寸基准与标注

在零件图中，除了用一组视图表达零件的内外结构外，还需要标注全部尺寸来表示零件的精确大小。零件图中的尺寸是加工、检验零件的重要依据。零件图上的尺寸除了要标注完整、正确、清晰外，还要尽量标注得合理。合理标注尺寸是指所注尺寸不仅能满足零件的设计要求，还要符合加工、测量的工艺要求，要满足这些要求，正确地选择尺寸基准很重要。尺寸基准就是标注尺寸的起点。

(1) 零件图尺寸基准的选择

 知识拓展

关 于 基 准

基准是指零件在机器中或在加工、测量时，用以确定其位置的面、线或点。

设计基准——根据零件主结构定位选择的三个方位（长、宽、高）尺寸基准，用于确定零件在机器中的位置。零件图标注尺寸要满足设计要求。

工艺基准——零件在加工和测量时所选用的尺寸基准。这是切合实际生产，便于加工和测量而选择的基准。

基准重合原则——设计基准与工艺基准应尽量重合，以减少加工误差，提高加工精度。这就要求设计者应具备相应的专业知识和实践经验，这样才能达到标注尺寸的"八字方针"，即"完整、正确、清晰、合理"。

主基准和辅助基准——零件的三个方位（长、宽、高）必各有一个主基准。有时为了加工和测量的方便，还可附加一个或几个辅助基准。但要求主、辅基准之间只能有唯一的尺寸联系。

基准要素——可作为基准的要素是零件的对称平面、主轴线、安装基面、重要端面、主要加工面、装配结合面等。

① 轴套类和盘盖类零件的基准选择

a. 径向基准：（高度、宽度基准）回转体的主轴线。

b. 轴向基准：（长度基准）重要轴肩（图 4-2）；盘盖类零件的主要结合面（图 4-3）。

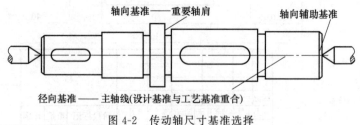

图 4-2 传动轴尺寸基准选择

② 叉架类零件的基准选择 如图 4-4 所示。

a. 长度、高度基准：选择轴架的两个安装基面。

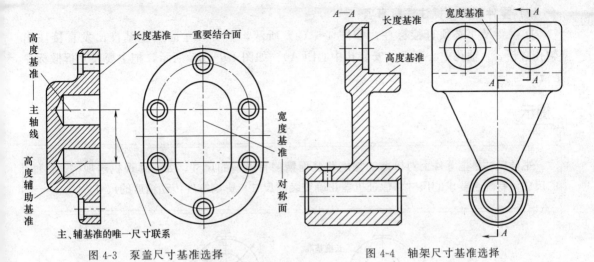

图 4-3 泵盖尺寸基准选择   图 4-4 轴架尺寸基准选择

b. 宽度基准：选择轴架的前后对称面。

③ 壳体类零件尺寸基准选择 如图 4-5 所示。

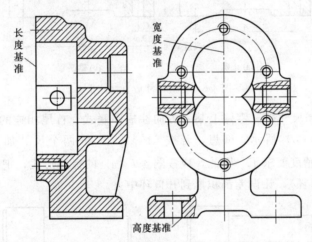

图 4-5 泵体尺寸基准选择

a. 长度基准：重要结合面（左端面）。

b. 宽度基准：泵体前后对称面。

c. 高度基准：安装底面。

提示

识读零件图时，可从以下几方面判明基准要素。

• 明确作为尺寸基准要素的原则：主轴线、重要结合面、对称面、安装基面、重要端面等。

• 从基准要素出发标注的尺寸一般比较多。

• 作为基准要素的加工精度一般要求较高（一般粗糙度要求较高、注有尺寸公差甚至还有形位公差几何公差（几何公差）要求）。

(2) 零件图尺寸标注注意事项

① 主要尺寸必须直接标注。如图 4-6（a）所示，主要尺寸应从主基准出发直接注出（轴孔直径 d、轴孔中心高 B、安装孔中心距 A）。如图 4-6（b）所示，把主要尺寸拆散标注是错误的。

　　主要尺寸是指零件上对机器的性能和装配精度有影响的尺寸，如：体现机器规格、性能的尺寸；有配合要求的尺寸；保证机器正确安装的尺寸；影响零件传动精度的尺寸。

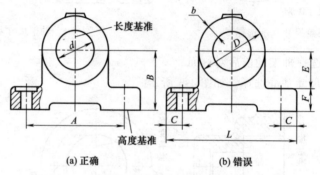

(a) 正确　　　　　　　　　　　(b) 错误

图 4-6　主要尺寸应直接注出

② 避免注成封闭尺寸链。零件上某一方向注成串联式、首尾相连的封闭形式，称为封闭尺寸链。如图 4-7（b）所示，试想，若按 $54_{-0.03}^{0}$ 和 26 两个尺寸加工合格后，则总长 $80_{-0.066}^{-0.012}$ 就难于达到精度要求了。因此，应按图 4-7（a）的标注形式，把要求不高的尺寸 26 空出不注（称为开口环），让误差都积累到开口环中去。

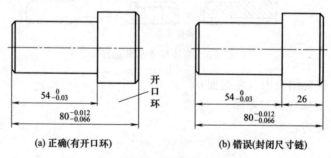

(a) 正确(有开口环)　　　　　　　(b) 错误(封闭尺寸链)

图 4-7　尺寸链不允许封闭

③ 标注尺寸应便于加工与测量。如图 4-8 和图 4-9 所示。

④ 注意加工面与非加工面的标注。零件上的加工面尺寸和非加工面尺寸应分开标注；在同一方向上，加工面与非加工面只能有唯一的尺寸联系。如图 4-10（a）所示，加工面（底面）与非加工面只有一个尺寸 9 相联系；若按图 4-10（b）那样标注，让加工面与非加工面有多个尺寸联系（图中有 9、41、33 三个尺寸相联系），就很难确保这些尺寸的精度。

⑤ 标注尺寸应符合加工工序。如图 4-11 所示。

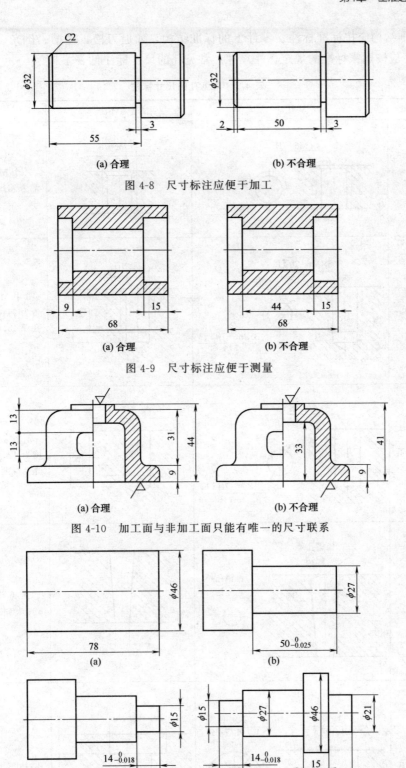

(a) 合理　　　　　　　　　　(b) 不合理

图 4-8　尺寸标注应便于加工

(a) 合理　　　　　　　　　　(b) 不合理

图 4-9　尺寸标注应便于测量

(a) 合理　　　　　　　　　　(b) 不合理

图 4-10　加工面与非加工面只能有唯一的尺寸联系

(a)　　　　　　　　　　(b)

(c)　　　　　　　　　　(d)

图 4-11　按加工工序标注尺寸

⑥ 标准结构应按标准标注。零件上的标准结构，如退刀槽、键槽、倒角、沉孔、销孔及螺纹等，应按国家标准的规定标注尺寸。常见孔的尺寸标注见表 4-1。

表 4-1　常见孔的尺寸标注

类型		旁注法	普通注法	说明
螺孔	通孔	4×M6-7H 4×M6-7H	4×M6-7h	4 个 M6 螺纹孔,公差带为 7H,均布
	不通孔	3×M6-7h▽12 ▽15 3×M6-7h▽12 ▽15	3×M6-7H 12 15	3 个 M6 螺纹孔,公差带为 7H,螺孔深 12,光孔深 15,均布
光孔	精加工孔	4×φ6-7H▽12 ▽15 4×φ6-7H▽12 ▽15	φ6-7H 12 15	4 个 φ6 孔,精加工深度为 12,公差带为 7H,光孔深度 15,均布
	锥销孔	锥销孔φ5 配钻 锥销孔φ5 配钻	φ5 配钻	锥销孔小端直径为 φ5;要与相邻接零件配钻
沉孔	柱形沉孔	3×φ6.4 ⊔φ12▽4.5 3×φ6.4 ⊔φ12▽4.5	φ12 4.5 3×φ6.4	3 个 φ6.4 的小柱形孔;柱形沉孔的尺寸为 φ12 深 4.5

类型		旁注法	普通注法	说明
沉孔	锪平孔	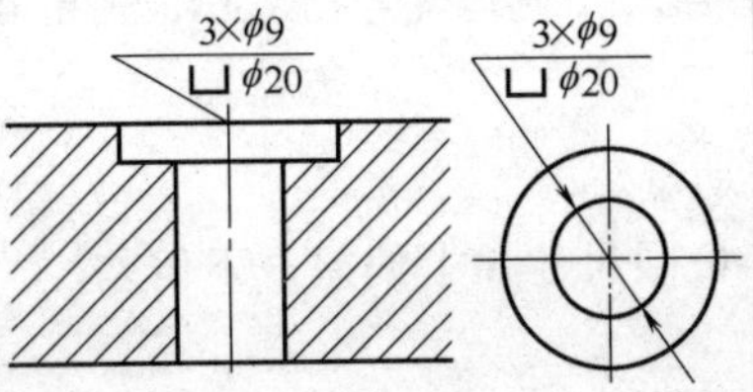	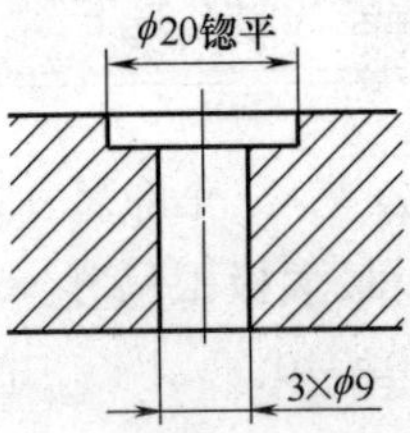	3个 $\phi9$ 的小柱形孔；锪平孔尺寸为 $\phi12$，深度不需标注，一般锪平到光面为止
	锥形沉孔	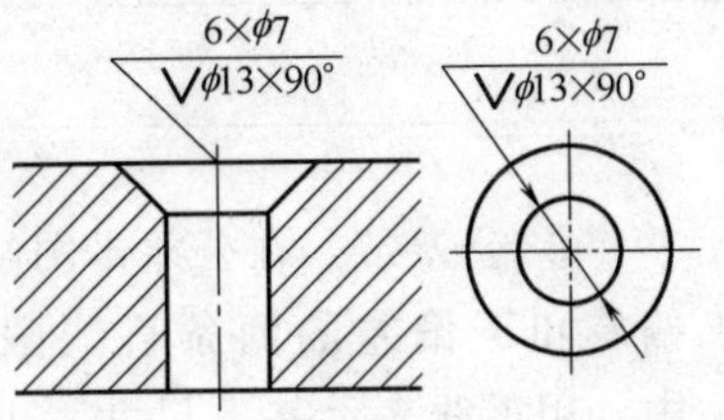	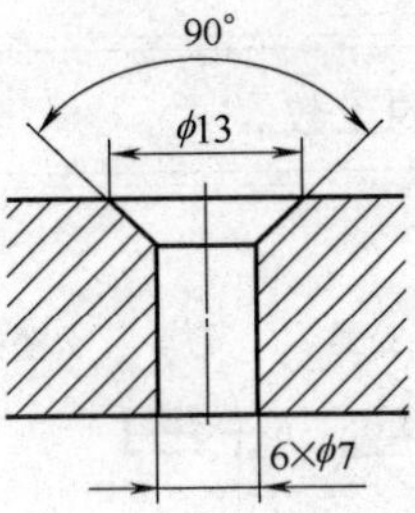	6个直径为 $\phi7$ 的通孔；锥形沉孔的直径为 $\phi13$，锥角为 $90°$

4.2 极限与配合

 提示

• 加工机件，由于受到机床、刀具、量具、加工方法、测量手段等诸多因素的影响，不可能绝对精确，总会产生误差，为保证机件的互换性及功能要求，必须将机件的尺寸控制在允许的变动范围内，这个允许的尺寸变动量称为尺寸公差。

• 在一大批零部件中，不经挑选，无需修配，即可顺利装配，并能保证功能要求，机件的这种性能称为互换性。现代工业必然要求机件具有互换性，例如螺纹连接件、滚动轴承等零部件均具有互换性。这样才有利于专业化低成本生产。

(1) 公差术语

① 基本尺寸：设计给定的尺寸。如图 4-1 中的 $\phi26$、图 4-12 中 $\phi20$。

② 实际尺寸：零件制成后，测量所得的尺寸。

③ 极限尺寸：允许尺寸变化的极限值。加工尺寸的最大允许值称为最大极限尺寸，最小允许值称为最小极限尺寸。图 4-12 中 $\phi20.030$ 为最大极限尺寸，$\phi19.990$ 为最小极限尺寸。合格零件的实际尺寸应位于两者之间。

④ 极限偏差：有上、下偏差之分，且无论上偏差还是下偏差均可为正、负或零。图 4-12 中的 $+0.030$ 是上偏差，-0.010 是下偏差。

提示

国家标准规定：上偏差代号孔是 ES，轴是 es；下偏差代号孔是 EI，轴是 ei。

⑤ 尺寸公差（简称公差）：允许尺寸的变动量。

公差＝最大极限尺寸－最小极限尺寸＝上偏差－下偏差

图 4-12 中的公差为 0.040。

提示

公差值总是大于零的正数。

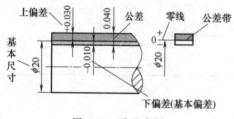

图 4-12　公差术语

⑥ 公差带：在公差带图解中，由代表上偏差和下偏差的两条直线限定的区域。其中，用零线表示基本尺寸，上方为正，下方为负，如图 4-12 所示。

⑦ 标准公差（IT）：由国家标准规定的公差值。其大小由两个因素决定，一是基本尺寸，二是公差等级。

⑧ 公差等级：国家标准将公差划分为 20 个等级，即 IT01，IT0，IT1，IT2，…，IT18，其中 IT01 尺寸精度最高，IT18 尺寸精度最低。

⑨ 基本偏差：是用于确定公差带相对于零线位置的那个极限偏差，一般为靠近零线的那个偏差。图 4-12 中，由于下偏差（－0.010）靠近零线，所以是基本偏差（基本偏差有正、负号）。

提示

根据误差的分布规律，国家标准把孔和轴的基本偏差各规定了 28 个，如图 4-13 所示。其中孔的基本偏差代号用大写字母表示，轴的基本偏差代号用小写字母表示。由图 4-13 可以看出，代号为 A 的基本偏差离零线正方向最远，代号为 a 的基本偏差离零线负方向最远；当基本尺寸相同的孔和轴的基本偏差代号对应时，基本偏差值一般互为相反数。图 4-13 中公差带示意图均不封口，是由于基本偏差只能决定公差带的位置，而公差带的大小应由标准公差值决定。

孔、轴公差由基本尺寸、基本偏差代号、标准公差等级三部分组成。例如：基本尺寸为 $\phi 20$ 的孔，基本偏差为 H，标准公差等级为 7，则标注为 $\phi 20H7$；基本尺寸为 $\phi 20$ 的轴，基本偏差为 f，标准公差等级为 6，则标注为 $\phi 20f6$。

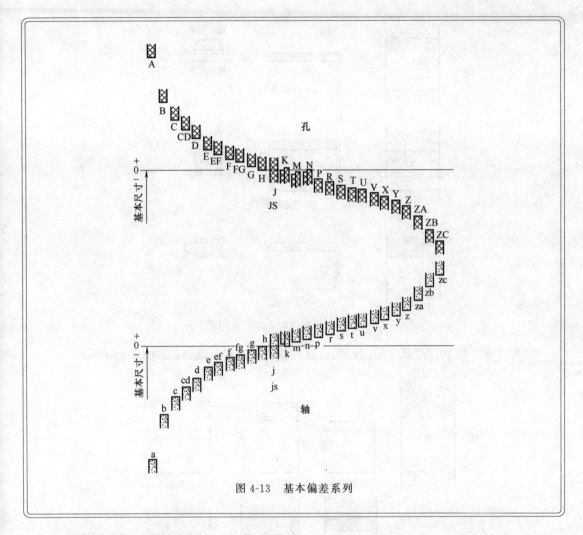

图 4-13　基本偏差系列

（2）配合种类与配合制

① 配合种类　基本尺寸相同时，相互结合的孔与轴公差带之间的关系称为配合。根据零件的功能要求，配合分为三种：间隙配合、过盈配合、过渡配合。

a. 间隙配合：孔的尺寸总是大于轴的尺寸，产生间隙，这种具有间隙（包括最小间隙等于零）的配合称为间隙配合。从图 4-13 中可以看出，孔的基本偏差为 A～H，轴的基本偏差为 a～h 时，属于间隙配合。若用公差带图解示意，孔的公差带位于轴的公差带之上，如图 4-14（a）所示。

b. 过盈配合：孔的尺寸总是小于轴的尺寸，产生过盈，这种具有过盈（包括最小过盈等于零）的配合称为过盈配合。从图 4-13 中可以看出，孔的基本偏差为 P～Zc，轴的基本偏差为 p～zc 时，属于过盈配合。若用公差带图解示意，孔的公差带位于轴的公差带之下，如图 4-14（b）所示。

c. 过渡配合：孔与轴的尺寸相比，可能稍大或稍小，即可能稍有间隙或过盈，这种配合称为过渡配合。从图 4-13 中可以看出，孔的基本偏差为 J～N，轴的基本偏差为 j～n 时，属于过渡配合。若用公差带图解示意，孔的公差带与轴的公差带相互交叠，如图 4-14（c）所示。

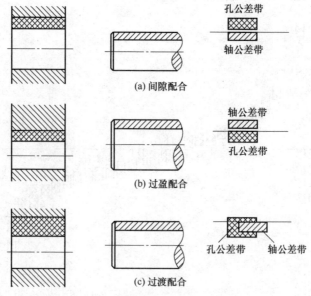

(a) 间隙配合

(b) 过盈配合

(c) 过渡配合

图 4-14　三种配合——公差带图解

② 配合制　国家标准规定了两种配合制，即基孔制和基轴制，如图 4-15 所示。

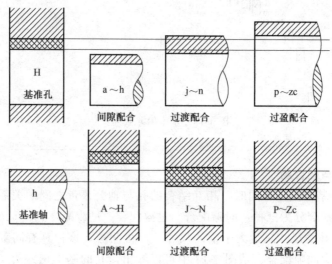

图 4-15　基孔制和基轴制

　　a. 基孔制：以基本偏差为 H 的孔的公差带，与不同基本偏差的轴的公差带形成各种配合的制度。基准孔的下偏差规定为零。

　　b. 基轴制：以基本偏差为 h 的轴的公差带，与不同基本偏差的孔的公差带形成各种配合的制度。基准轴的上偏差规定为零。

提示

　　由于孔的加工难于轴的加工，应优先选用基孔制。

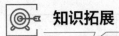 **知识拓展**

优先及常用配合

标准公差有 20 个等级，基本偏差有 28 种，若随意选用，可组成大量的配合，这不利于生产。由此，国家标准将孔、轴公差带分为优先、常用和一般用途的公差带，以便选用。表 4-2 列出了 13 种优先配合，其余配合可查阅国家标准。

表 4-2　13 种优先配合

配合种类	基孔制优先配合	基轴制优先配合
间隙配合	$\dfrac{H7}{g6}\ \dfrac{H7}{h6}\ \dfrac{H8}{f7}\ \dfrac{H8}{h7}\ \dfrac{H9}{d9}\ \dfrac{H9}{h9}\ \dfrac{H11}{c11}\ \dfrac{H11}{h11}$	$\dfrac{G7}{h6}\ \dfrac{H7}{h6}\ \dfrac{H8}{h7}\ \dfrac{D9}{h9}\ \dfrac{H9}{h9}\ \dfrac{C11}{h11}\ \dfrac{H11}{h11}$
过渡配合	$\dfrac{H7}{k6}\ \dfrac{H7}{n6}$	$\dfrac{K7}{h6}\ \dfrac{N7}{h6}$
过盈配合	$\dfrac{H7}{p6}\ \dfrac{H7}{s6}\ \dfrac{H7}{u6}$	$\dfrac{P7}{h6}\ \dfrac{S7}{h6}\ \dfrac{U7}{h6}$

提示

- 零件图三种标注形式：标注极限偏差值，如 $\phi 30^{+0.033}_{0}$；标注偏差代号，如 $\phi 30H8$；同时标注偏差代号及极限偏差值，如 $\phi 30H8\left(^{+0.033}_{0}\right)$

- 装配图标注分数形式：孔的配合代号注在上边，轴的配合代号注在下边，如 $\phi 30\dfrac{H8}{f7}$；标注极限偏差，如 $\phi 30\dfrac{^{+0.033}_{0}}{^{-0.020}_{-0.041}}$；同时标注配合代号和极限偏差，如 $\phi 30\dfrac{H8(^{+0.033}_{0})}{f7(^{-0.020}_{-0.041})}$。

4.3 形位公差

(1) 形位公差概念

对于一般零部件，尺寸公差可以满足使用要求，而对于精密零部件，仅靠尺寸公差往往还不能确保使用性能。尽管零件的尺寸公差符合要求，但形状、位置偏差较大，也影响其使用性能。故有必要对其形状或位置偏差加以限制，即规定了形位公差。形位公差是形状、位置误差的允许变动量。

(2) 形位公差代号

国家标准规定了 6 项形状公差和 8 项位置公差，见表 4-3。

(3) 形位公差框格及基准代号

形位公差框格及基准代号见表 4-4。

表 4-3　形位公差

分类	名称	符号	分类		名称	符号
形状公差	直线度	—	位置公差	定向	平行度	//
	平面度	▱			垂直度	⊥
	圆度	○			倾斜度	∠
	圆柱度	⌀		定位	同轴度	◎
形状或位置公差	线轮廓度	⌒			位置度	⊕
					对称度	═
	面轮廓度	⌓		跳动	圆跳动	↗
					全跳动	↗↗

表 4-4　形位公差框格及基准代号

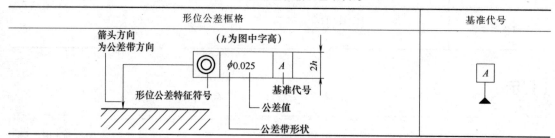

形位公差框格	基准代号
箭头方向为公差带方向　（h为图中字高） 形位公差特征符号　○　φ0.025　A　2h 基准代号 公差值 公差带形状	A

（4）形位公差示例

形位公差示例见表 4-5。

表 4-5　形位公差示例

名称	标注示例	公差带
形状公差		

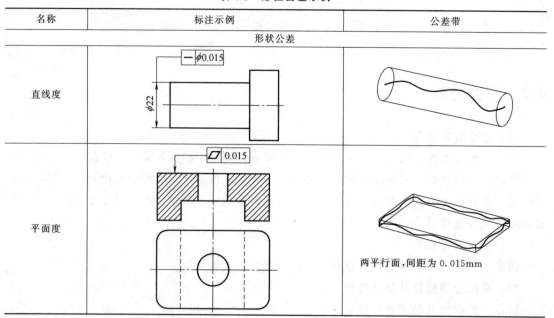

名称	标注示例	公差带
直线度	⌀22　— φ0.015	
平面度	▱ 0.015	两平行面,间距为 0.015mm

名称	标注示例	公差带

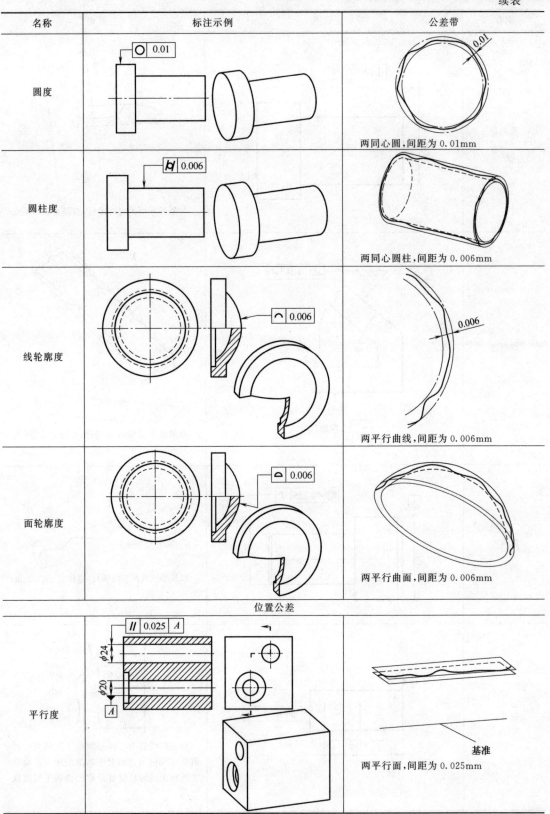

圆度　　　　两同心圆,间距为 0.01mm

圆柱度　　　两同心圆柱,间距为 0.006mm

线轮廓度　　两平行曲线,间距为 0.006mm

面轮廓度　　两平行曲面,间距为 0.006mm

位置公差

平行度　　　两平行面,间距为 0.025mm

基准

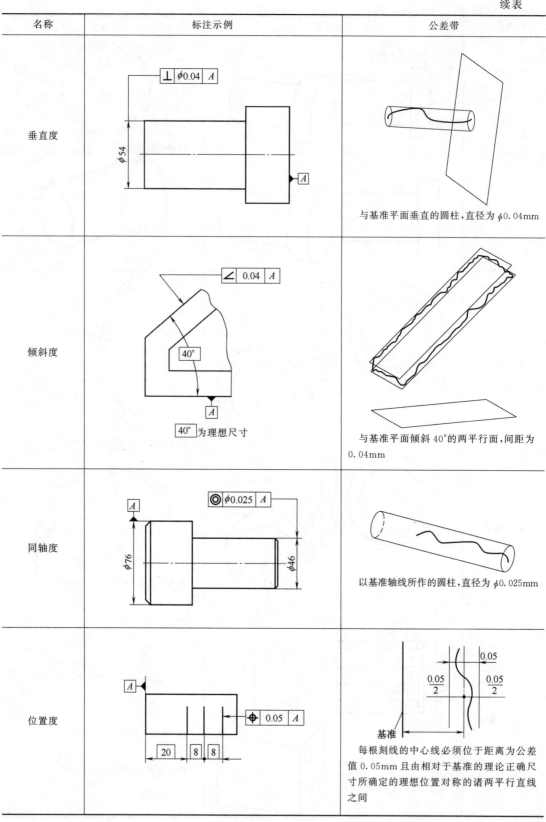

名称	标注示例	公差带
垂直度	⊥ φ0.04 A	与基准平面垂直的圆柱，直径为 φ0.04mm
倾斜度	∠ 0.04 A 40° 40°为理想尺寸	与基准平面倾斜40°的两平行面，间距为0.04mm
同轴度	◎ φ0.025 A	以基准轴线所作的圆柱，直径为 φ0.025mm
位置度	⊕ 0.05 A 20 8 8	每根刻线的中心线必须位于距离为公差值0.05mm且由相对于基准的理论正确尺寸所确定的理想位置对称的诸两平行直线之间

名称	标注示例	公差带
对称度	50 46 φ68 ⟮≡ 0.025 A⟯ A	对称于基准轴线(φ68圆柱的轴线)的两平行面,间距为0.025mm
圆跳动	⟮↗ 0.025⟯ 56	实际要素绕基准中心回转一周时,所允许的最大跳动量(径向跳动)
全跳动	⟮↗↗ 0.025⟯ φ56 φ24 A	实际要素绕基准轴线回转的任意位置时,所允许的最大跳动量(径向跳动)

4.4 表面粗糙度

(1) 表面粗糙度的概念

在零件加工时，由于切削变形和机床振动等原因，零件得到的实际加工表面存在着微观的高低不平，这种微观的高低不平的程度称为表面粗糙度，如图4-16所示。

(2) 表面粗糙度的评定参数

一般采用算术平均偏差 Ra 值，其定义为在取样长度（L）内，轮廓偏距［即纵坐标 $y(x)$］绝对值的算术平均值，它的几何意义如图4-17所示。

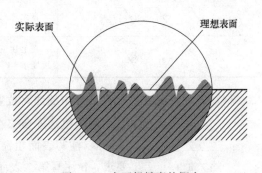

图 4-16 表面粗糙度的概念

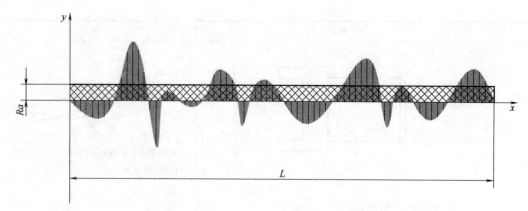

图 4-17　算术平均偏差 Ra

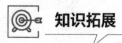 知识拓展

Ra 优先选用系列

表面粗糙度对零件的配合性质、疲劳强度、耐蚀性、密封性等影响很大。因此要根据零件表面不同的情况，合理选择其参数值。国家标准推荐的 Ra 优先选用系列：0.012，0.025，0.05，0.1，0.2，0.4，0.8，1.6，3.2，6.3，12.5，25，50，100。

（3）表面粗糙度的符号及意义

表面粗糙度的符号及意义见表 4-6。

表 4-6　表面粗糙度的符号及意义

符号	意义
√	基本符号，表示未指定工艺方法的表面
▽	表示表面是用去除材料的方法获得，如车、铣、钻、磨、剪切、抛光、腐蚀、电火花加工、气割等
▽(o)	表示表面是用不去除材料的方法获得，如铸、锻、冲压、热轧、冷轧、粉末冶金等；或者是保持上道工序的状况或原供应状况
√ ▽ ▽(o)	在上述三个符号的长边上均可加一横线，用于标注有关参数和说明
√(o) ▽(o) ▽(o)	在上述三个符号上均可加一小圆，表示所有表面具有相同的表面粗糙度要求

（4）表面粗糙度要求在符号中的注写位置

图 4-18　注写位置

表面粗糙度要求在符号中的注写位置如图 4-18 所示。

a，注写表面粗糙度的单一要求；a 和 b，a 注写第一表面粗糙度要求，b 注写第二表面粗糙度要求；c，注写加工方法；d，注写表面纹理方向（表 4-7）；e，注写加工余量（mm）。

表 4-7   表面纹理方向符号

符号	说明	示意图
=	纹理平行于标注代号的视图的投影面	
⊥	纹理垂直于标注代号的视图的投影面	
X	纹理呈两相交的方向	
M	纹理呈多方向	

(5) 表面粗糙度代号在图样上的标注

① 在同一图样上每一表面只注一次粗糙度代号，且应注在可见轮廓线、尺寸界线、引出线或它们的延长线上，并尽可能注在相应尺寸和公差的同一视图上。

② 当零件的大部分表面具有相同的粗糙度要求时，其表面粗糙度要求可统一注在图形或标题栏附近。

③ 表面结构的注写方向和尺寸的注写方向一致。符号的尖端必须从材料外指向表面。如图 4-19 所示。

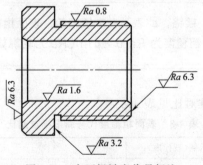

图 4-19   表面粗糙度代号标注

④ 简化标注：当多个表面具有相同表面粗糙度要求或图样空间有限时，可采用简化标注。如图 4-20 所示。

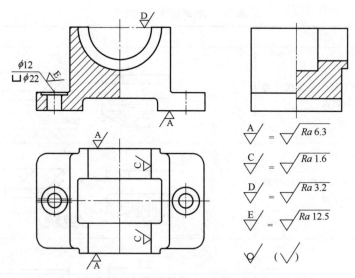

图 4-20　表面粗糙度简化标注

⑤ 不同工艺获得同一表面粗糙度要求的标注如图 4-21 所示。

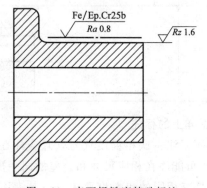

图 4-21　表面粗糙度特殊标注

提示

　　Fe/Ep. Cr25b 表示钢件，镀铬；此表面在未镀铬前，表面粗糙度为 Rz 1.6μm（Rz 为轮廓最大高度），镀铬后，表面粗糙度为 Ra 0.8μm（Ra 为轮廓算术平均偏差）。

(6) 新旧标准对比

表面粗糙度代号新旧标准对比见表 4-8。

表 4-8　表面粗糙度代号新旧标准对比

代号示例（旧标准）	代号示例（新标准）	含义
6.3	Ra 6.3	去除材料法获得的表面,单向上限值 Ra 的上限值为 6.3μm

代号示例（旧标准）	代号示例（新标准）	含义
3.2	$Ra\ 3.2$	不去除材料法获得的表面，单向上限值 Ra 的上限值为 $3.2\mu m$
max 1.6	$Ra\ \text{max}\ 1.6$	去除材料法获得的表面，单向上限值 Ra 的最大值为 $1.6\mu m$
3.2 1.6	$U\ Ra\ 3.2$ $L\ Ra\ 1.6$	去除材料法获得的表面，双向极限值，上限值 Ra 为 $3.2\mu m$，下限值 Ra 为 $1.6\mu m$

4.5 热处理等技术要求

技术要求包括四个方面：尺寸公差、形位公差、表面粗糙度和需要用文字说明的技术要求，如调质等热处理、硬度、铸造表面不得有砂眼等，应统一在图纸空白处，以"技术要求"项书写，如图 4-22 所示。

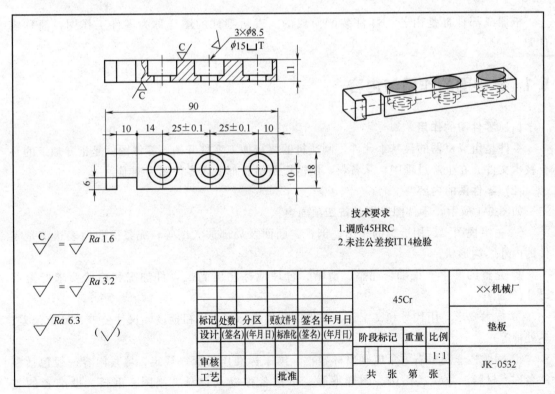

图 4-22 技术要求文字标注

第5章 机械零件图

机器或部件都是由若干零件装配而成的。表达零件的图样称为零件工作图，简称零件图。

5.1 零件图的作用与内容

（1）零件图的作用

零件是组成机器的最基本元件，制造机器要从加工零件开始，零件图就是指导加工的必要技术文件。在生产过程中，从备料、制造以及检验都要以零件图为准绳。

（2）零件图的内容

如图 5-1 所示，零件图必须具备四项内容。

① 一组视图　运用恰当的视图、剖视、断面及局部放大图等，完整简明地表达清楚零件的内外结构形状。

② 完整的尺寸　正确、完整、清晰、合理地标注出满足零件加工和检验要求的全部尺寸。

③ 技术要求　用代号和文字注明零件的质量指标（表面粗糙度、尺寸公差、形位公差、热处理等）。

④ 标题栏　图框右下角应画出标题栏，国家标准作了统一规定，填写内容一般包括零件名称、材料、数量、比例、图样编号、单位名称以及设计、制图、审核、批准者的签名等。

（3）零件图的主视图选择

选用恰当的视图、剖视、断面、规定及简化画法，完整、清晰地表达零件的内外结构形

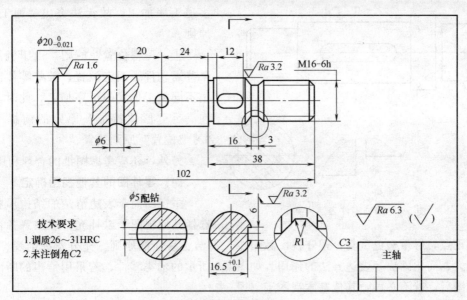

图 5-1 主轴零件图

状，还要以"方便看图为主，画图简便为辅"为原则。主视图是表达零件的主图，应认真分析确定，一般应遵循以下四原则。

①"形体特征"原则 以最能反映零件特征的方向作为主视图的投影方向。即从此方向观察零件能显示出最多的结构和形状。如图 5-2 所示，显然选 A 方向作为主视图的投影方向最好，若选 B 方向作为主视图的投影方向，由于投影重叠，不能凸显特征，是错误的。

②"加工位置"原则 为便于加工看图，零件应按加工时的位置放置。如轴套类零件主要是在车床、磨床上加工，所以零件应水平放置。如图 5-2 所示，选 A 方向作为主视图投影方向，也符合了"加工位置"原则。

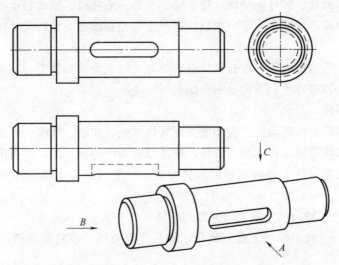

图 5-2 按"形体特征"和"加工位置"原则选定主视图

③"工作位置"原则 有些零件由于加工工序较繁杂，加工位置多变，应按装配位置放置，以便于装配时看图方便。如壳体类零件，一般要先铸造后，再经刨平面、钻孔、镗孔等

111

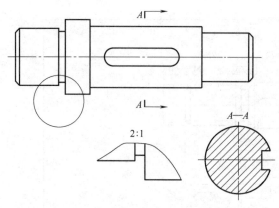

图 5-3 轴类零件表达方案

多道工序加工，故无法突出"加工位置"原则。

④ "习惯位置"原则 由于机器中的某些运动件无固定位置，某些零件需经多道不同加工位置的工序加工，此时，往往在满足"形体特征"原则的前提下，按"习惯位置"原则放置。

另外，还应考虑图纸的合理利用。

（4）零件图的其他视图确定

主视图尚未表达清楚的结构形状，应选择其他视图予以补充。应注意各视图的表达侧重点，尽量避免重复，遵守视图数量少、简洁、易懂的原则。充分发挥剖视、断面、局部放大、简化画法等表达方法的作用。如图 5-2 所示的轴类零件，若采用恰当的断面、局部放大图后，就不必再画其他基本视图了（图 5-3）。

5.2 各类零件表达要领

根据零件在机器或部件中的作用，可将其分为以下三类。

一般零件（也称为专用零件）：其结构、形状、尺寸大小，都是由它在机器或部件中的作用和工艺要求决定的。

传动零件：传递动力和运动的零件，如圆柱齿轮、圆锥齿轮、蜗杆、蜗轮、链轮等。这些零件上起传动作用的结构要素大多已标准化，并有规定画法。

标准零件：简称标准件，是在机器或部件中大量使用的，起到连接、定位、支承、密封等作用的零件，如螺栓、螺母、垫圈、键、销、油杯、毛毡圈、滚动轴承等，且标准件的结构形状、尺寸大小都已标准化，完全可以根据规定标记查阅有关结构尺寸标准，通常不必画其零件图。

从绘图角度，机器中的零件按其结构形状可分为四大类：轴套类、盘盖类、叉架类、壳体类。其表达方式各有特色，下面分别介绍。

（1）轴套类零件

轴套类零件多用于传递动力、运动或支承其他零件，如轴、套筒、衬套、螺杆等。轴套类零件的特点是形状简单、技术要求较高，往往是机器中的核心件，其功用是传递动力和支承轴上零件。轴套类零件大多由同轴回转体组成，一般只画一个基本视图（即主视图）见图 5-3 所示。

① 形状特点——轴向尺寸较长的同轴回转体。

② 结构特点——此类零件上常有倒角、轴肩、退刀槽、砂轮越程槽、螺纹、销孔以及键槽等结构。

③ 加工特点——主要在车床和磨床上加工。

④ 画图特点——一般只需画一个基本视图（即主视图）；并将轴线按加工位置水平放置；应将键槽、销孔等结构的开口朝前放置；常采用断面、局部放大图及局部剖视图，突出

表达轴上的键槽等结构。

⑤ 表达歌诀——轴套多是回转体，应将轴线放水平；断面、放大、局部剖，配合主视来表达。

（2）盘盖类零件

盘盖类零件一般画两个基本视图（即主视图和左视图），如图 5-4 所示。

盘盖类零件的特点是较薄的回转体或平板形；往往起密封作用（如端盖、法兰盘等）；有的也起支承、传递扭矩和动力等作用（如齿轮、带轮、手轮等）。

① 形状特点——轴向尺寸较薄的同轴回转体或平板形。

② 结构特点——此类零件上常有沿圆周分布的孔、肋、槽、齿等结构。

③ 加工特点——一般先铸造成毛坯，再经机加工，且主要在车床上加工。

④ 画图特点——一般要画两个基本视图（即主视图和左视图）；并将轴线按加工位置水平放置；一般将非圆视图取剖视作为主视图；常采用旋转剖法；盖板常用阶梯剖法。

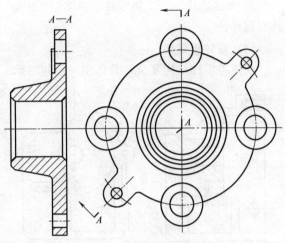

图 5-4　端盖表达方案

⑤ 表达歌诀——盘盖常画两视图，非圆剖开当主视；旋转剖法较常用，盖板多见阶梯剖。

（3）叉架类零件

叉架类零件包括各种拨叉、支架、中心架和连杆等。其结构一般由三部分组成——支承部分、连接部分、固定部分。叉架类零件一般画两个或三个基本视图（即主视图、左视图或俯视图），如图 5-5 所示，如图 5-5 所示的表达方案：采用了主、左两个基本视图，且都采取了局部剖视；又画了一处局部视图（俯视图的局部）和一处移出断面。

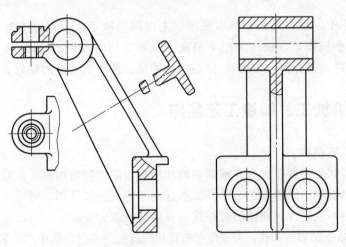

图 5-5　支架表达方案

① 形状特点——形状不规则，拐折多。

② 结构特点——具有支承用孔、拨叉用槽、连接肋板、安装面孔及倾斜结构等。

③ 加工特点——一般先铸造或锻造成毛坯，再经机加工，且工序多变。

④ 画图特点——一般要画两个或三个基本视图（即主视图和左视图或俯视图）；并按工作位置放置；按"形体特征"原则选定主视图；常采用断面图和斜剖视。

⑤ 表达歌诀——叉架零件拐折多，"安装""形体"定主视；连接肋板取断面，倾斜结构斜剖开。

（4）壳体类零件

壳体类零件结构复杂，其作用一般起支承、包容机器中的重要零件的作用，如泵体、减速箱体、阀体、机座等。壳体类零件一般画三个或以上基本视图（即主视图、左视图、俯视图及其他基本视图），如图 5-6 所示。

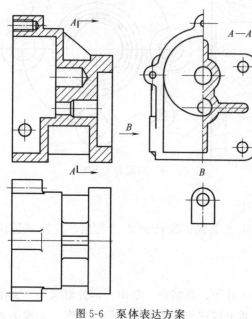

图 5-6　泵体表达方案

① 形状特点——内外结构形状复杂。

② 结构特点——具有支承用孔、包容用腔、加固肋板、安装面孔及细节结构等。

③ 加工特点——一般先铸造成毛坯，再经机加工，且工序多变。一般要经过刨削或铣削加工工作表面，壳体上的孔、槽多采用钻、铰、扩、镗等多道工序。

④ 画图特点——一般要画三个或以上基本视图（即主视图、左视图、俯视图或其他基本视图）；并按工作位置放置；按"形体特征"原则选定主视图；采用恰当的剖视图、断面图、局部视图等，突出显示各视图的表达侧重点，形成最佳视图方案。

⑤ 表达歌诀——壳体内外形复杂，"形体""安装"定主视；辅助视图运用巧，细节结构表达清。

泵体表达方案中，采用了三个基本视图，主视图采取了全剖视（主要表达泵体内腔结构），俯视图为外形视图，左视图采用半剖视（兼顾表达内外形），另外画了一处局部视图（侧重表达泵体前后两侧凸台孔结构）。这是一种简练、侧重点明确的较好方案。

5.3　零件的机加工、铸造工艺结构

（1）机加工工艺结构

零件的结构形状，主要是由它在机器中的作用确定的，同时加工工艺对零件也会产生某些结构要求，如退刀槽、圆角、凸台等。虽然这些结构无功能作用，可这是目前加工工艺水平的权宜之计，绝不能轻视，相信随着科技的发展会有新的变化。

① 圆角和倒角　阶梯轴和孔，为避免在轴肩和孔肩处应力过分集中产生裂纹，常以圆角过渡；在轴和孔的端部常加工成倒角，是为了便于安装和操作安全。圆角和倒角如图 5-7 所示。

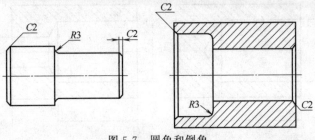

图 5-7　圆角和倒角

 提示

- 国家标准规定，45°倒角用 C 表示，非 45°倒角应注明角度。
- 当圆角或倒角无一定要求时，可统一在技术要求中注明"未注圆角 R1~3"或"锐边倒钝"。

② 退刀槽和砂轮越程槽　车削螺纹或阶梯轴细端及阶梯孔粗端时，为便于退出刀具，常在零件的待加工表面末端车出退刀槽。退刀槽的尺寸标注一般按"槽宽×槽深"或"槽宽×直径"的形式标注。如图 5-8 所示。

磨削加工时，为使砂轮能稍微越过加工面，确保磨削完全，常在待加工表面末端预先加工出砂轮越程槽。磨削外圆及端面的砂轮越程槽如图 5-9 所示。

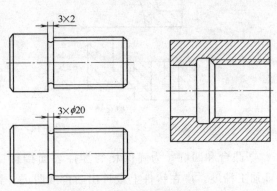

图 5-8　退刀槽及其尺寸标注

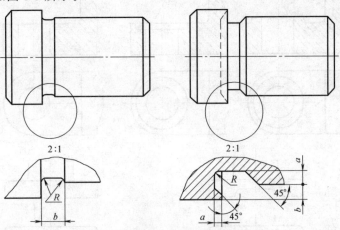

图 5-9　砂轮越程槽及其尺寸标注

③ 钻孔结构　用钻头钻盲孔时，由于钻头顶角约为 120°，所以盲孔底部应画出 120°锥角。但零件图中不标此角度，钻孔深度也不包括此锥坑；在阶梯孔过渡处，也应画出 120°的圆锥台。钻孔结构及尺寸标注如图 5-10 所示。

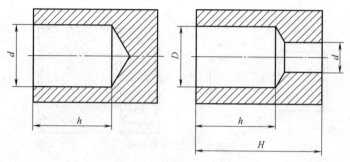

图 5-10　钻孔结构及其尺寸标注

　　为避免钻头折断和确保钻孔准确，钻头轴线应与钻孔表面垂直；如在倾斜表面钻孔，应增设凸台或凹坑；不应使钻头单边受力。钻孔端面如图 5-11 所示。

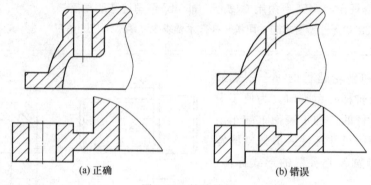

(a) 正确　　　　　　　　　　　　(b) 错误

图 5-11　钻孔端面

　　④ 凸台和凹坑　为确保相邻零件表面接触良好，一般要刨削平面。为减少加工面积，保证加工精度，应在铸件上设计出凸台或凹坑，如图 5-12 所示。

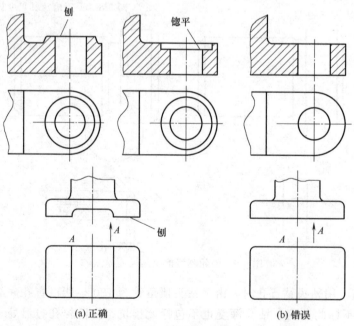

(a) 正确　　　　　　　　　　　　(b) 错误

图 5-12　凸台和凹坑

(2) 铸造工艺结构

对于需要经过铸造加工的零件，为确保零件质量，应当满足如下工艺要求。

① 最小壁厚 为防止金属溶液在未充满砂型之前就凝固，铸件壁厚应视材料的铸造流动性能而定，一般对于灰铸铁应不小于 8mm，对于铸钢应不小于 10mm，对于铝合金应不小于 4mm，对于铜合金应不小于 5mm。

② 铸造圆角 为避免在铸件转角处应力过分集中，防止铸件冷却时产生裂纹、缩孔、夹砂等缺陷，也为防止金属溶液冲毁砂型转角处，铸件相邻表面相交处都应以圆角过渡。圆角半径一般取壁厚的 1/3 为宜。其尺寸可在技术要求中统一注明，如"未注圆角 $R2\sim4$"。铸造圆角和拔模斜度如图 5-13 所示。

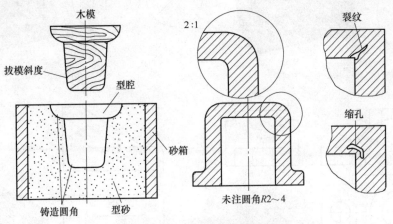

图 5-13 铸造圆角和拔模斜度

③ 拔模斜度 如图 5-13 所示。在铸造零件时，为便于将木模从砂型中取出，一般沿拔模方向做成约 1∶20 的斜度，称为拔模斜度。这种拔模斜度一般不必画出，也不必标注。必要时可在技术要求中注明。

④ 壁厚均匀 为避免由于铸件壁厚不均，造成铸件冷却速度不一致，形成缩孔等铸造缺陷，应使铸件壁厚尽量一致或逐渐变化，如图 5-14 所示。

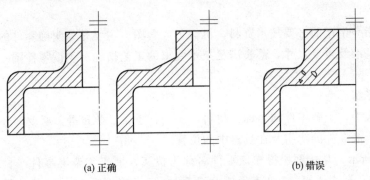

(a) 正确　　　　　　　　　　(b) 错误

图 5-14 铸件壁厚应均匀或逐渐变化

⑤ 过渡线 由于铸造圆角导致相交表面的交线不很明显，这种交线称为过渡线。国家标准规定，过渡线按其理论交线的投影用细实线画出，但线的两端应断开留空，如图 5-15 所示。

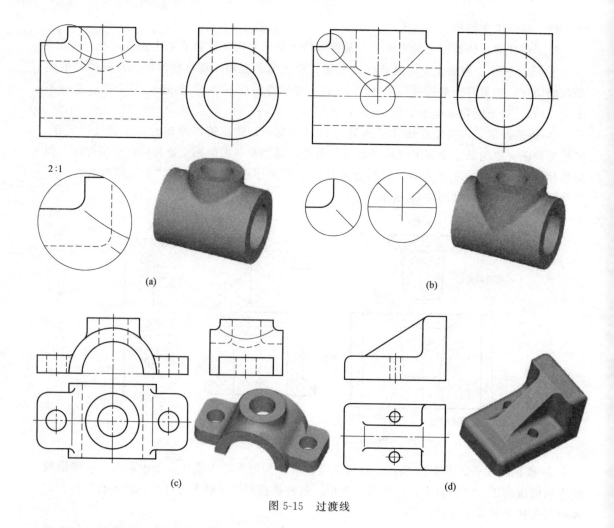

图 5-15　过渡线

5.4　识读零件图的方法和步骤

零件图是指导生产的必要技术资料，机械工人看图，主要是为明确零件的结构形状及功用，分清尺寸基准及重要尺寸，落实满足技术要求的工艺措施。识读零件图一般可按以下四步骤进行。

(1) 概括了解

从标题栏入手，了解零件的名称、材料、比例、重量、数量等，必要时还需参照装配图或其他资料，弄清零件的功用及在机器中的位置。

如图 5-16 所示，从标题栏得知该零件名称为拨叉，属于叉架类零件，材料为铸造铝合金（Z 表示铸造，L 表示铝，102 表示铝合金系列号），比例为 1：1，其功用是拨动相关零件做功。

(2) 表达分析

以主视图为中心，弄清各视图的表达意图（采用的剖视、断面、其他画法等），了解其表达侧重点。分析投影（一般按照"先主体，后次要；先外形，后内部"的分析思路），想象各部分的结构形状及相对位置,进而构思出零件的完整形状。

如图 5-16 所示,拨叉零件用了两个基本视图表达。主视图上面的 $B—B$ 剖视是为表达支承轴孔及定位螺孔相关结构;支承竖板采用了一处移出断面(表达竖板厚度及圆角)。左视图为保留螺孔外形,采用了大局部剖视,其中矩形肋板按规定不画剖面线,左视图的侧重点是表达拨叉槽结构。

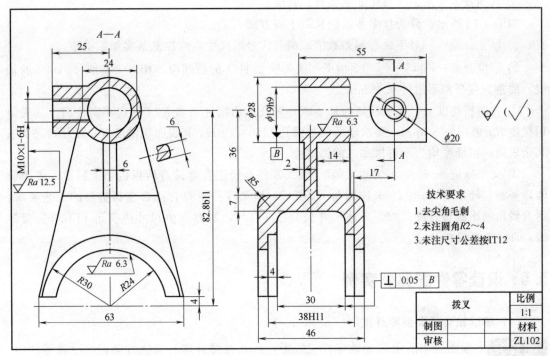

图 5-16 拨叉零件图

通过分析视图可以看出,拨叉大体可分为三部分:上部是起固定支承作用的轴孔和起定位作用的螺孔;下部是做功用的拨叉槽(最下面开有 $R30$ 和 $R24$ 两个半圆孔);中间起连接作用的是 T 形肋板结构。

(3) 尺寸分析

应先找出零件的长、宽、高三个方位尺寸基准。从基准出发,分清主要尺寸和一般尺寸。按形体分析法,弄清各形体的定形尺寸和定位尺寸。

如图 5-16 所示,拨叉零件的尺寸基准:长度基准应是主视图中的竖直主轴线,长度尺寸(如 25、24、6、$R30$、$R24$)都是由此基准出发注出的;宽度基准是左视图中的竖直主轴线,宽度尺寸(如 46、38H11、30 等)都是由此基准出发注出的,为测量方便,也选择了几个辅助基准;高度基准可从主视图中看出,是 $R30$ 和 $R24$ 的圆心所在的水平面,高度尺寸(如 4、82.8b11)是由此基准出发注出的,为确保装配精度和测量方便,将上轴孔($\phi19h9$)的水平轴线选为高度方向的辅助基准,由此标注的中心高度尺寸(82.8h11)是与主基准的唯一联系尺寸。

零件图应标注三大类尺寸:总体尺寸、定形尺寸和定位尺寸。注意分清重要尺寸和一般尺寸,对于标有偏差数值或偏差代号的尺寸,显然属于重要尺寸。

（4）弄清技术要求

明确加工零件的质量指标，落实措施，明晰以下四方面技术要求。

① 表面粗糙度——分清加工面与非加工面，落实不同表面质量的加工工序。

② 尺寸公差——分清加工精度的不同要求，落实合理的加工工序。

③ 形位公差——弄清形位公差检验项目，落实合理的实现方案。

④ 其他技术要求——落实如热处理、镀涂等生产工艺。

如图 5-16 所示，分析技术要求应从以下四方面入手。

① 尺寸公差——对于标有偏差数值或偏差代号的尺寸，应注意落实加工措施。

② 形位公差—— ⊥ 0.05 B 是指下部拨叉槽 38H11 的前端面，相对于基准（ϕ19h9 的轴线）的垂直度公差不超过 0.05mm。

③ 表面粗糙度——要求较高的是 ϕ19h9 轴孔的内圆柱面和 R24 的内半圆柱面，其表面粗糙度 Ra 值均为 6.3μm；要求较低的是螺孔 M10×1-6H，其表面粗糙度 Ra 值为 12.5μm；其余表面的粗糙度均为不再机加工的铸造面。

④ 文字标记——"1. 去尖角毛刺"，拨叉零件是经铝合金铸造后再机加工制成，表面应清理平整，转角磨钝；"2. 未注圆角 R2～4"，拨叉零件要符合铝合金铸造件的工艺要求，所有转角制出圆角过渡；"3. 未注尺寸公差按 IT12"，所有自由尺寸应满足 IT12（公差等级）的精度要求。

5.5 识读零件图典型实例

（1）解读轴套类典型零件图

例 5-1 参照题图所示阶梯轴零件三视图，重新选择合理的表达方案，标注该零件的长、宽、高三个方向的主要尺寸基准和技术要求（图 5-17、图 5-18）。

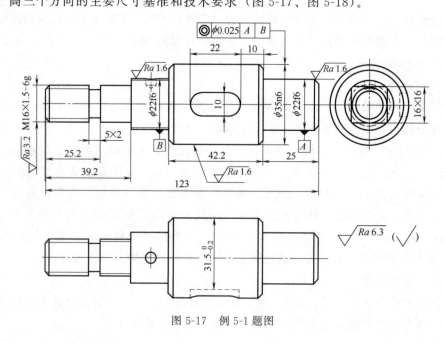

图 5-17 例 5-1 题图

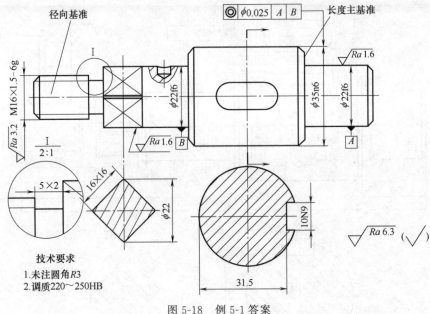

图 5-18　例 5-1 答案

提示

• 轴类零件一般只采用一个视图（水平放置，符合"加工位置"原则）。

• 采用一处小局部剖，表达未通小圆孔；两处移出断面，表达键槽、方形截面结构；一处局部放大图，表达螺纹右侧轴肩结构。

• 尺寸基准：水平轴线为径向尺寸基准（包括宽和高两个基准），长度基准选择主要的定位轴肩（粗轴的右端面）。

例 5-2　看懂输出轴零件图，指明轴向和径向尺寸主要基准，补画 $C—C$ 断面图，填写读图要求（图 5-19、图 5-20）。

读图要求

① 零件上 $\phi50n6$ 的这段长度为（60），表面结构要求代号为（$\sqrt{Ra\ 6.3}$）。

② 轴上平键槽的长度为（32），宽度为（14），上、下偏差为（+0.02 和 -0.06），深度为（50-44.5）。

③ $M22×1.5-6g$ 的含义是（细牙普通螺纹，大径为 $\phi22$，螺距为 1.5，右旋，偏差代号为 g，公差等级为 6 级）。

④ 尺寸 $22×22$ 的含义是（正方形的边长为 22）。

⑤ $\phi50n6$ 的含义是（公称尺寸为 $\phi50$）的轴，其偏差代号为（n），公差等级为（6 级）。

⑥ 几何公差的含义：实测要素为（$\phi50n6$ 的轴线），基准要素为（A 左端的 $\phi32f6$ 和 B 右端的 $\phi32f6$ 的公共轴线），公差项目为（同轴度），公差值为（$\phi0.025$）。

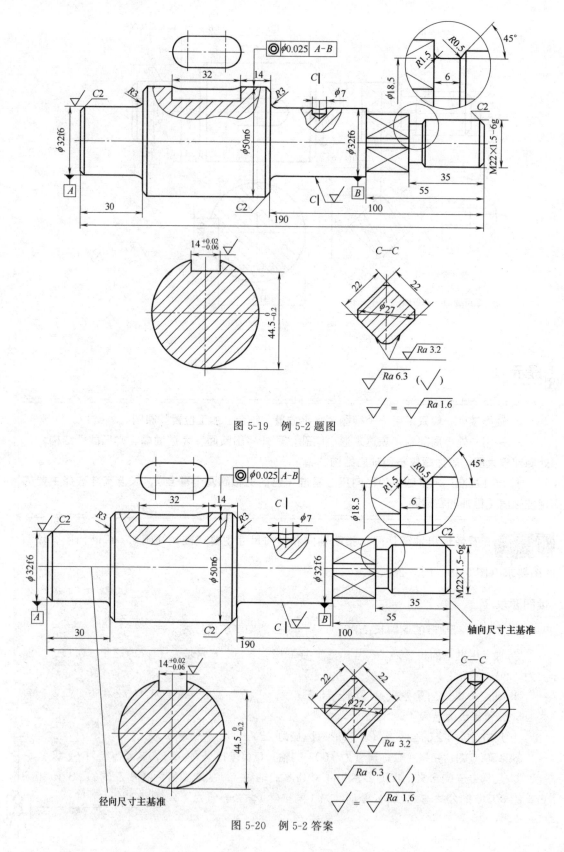

图 5-19　例 5-2 题图

图 5-20　例 5-2 答案

提示

几何公差即形位公差。

(2) 解读盘盖类典型零件图

例 5-3 读懂题图所示的端盖零件图，说明图中标注的形位公差的含义，画出右视图（只画可见轮廓线），标注该零件的长、宽、高三个方向的主要尺寸基准和技术要求（图 5-21、图 5-22）。

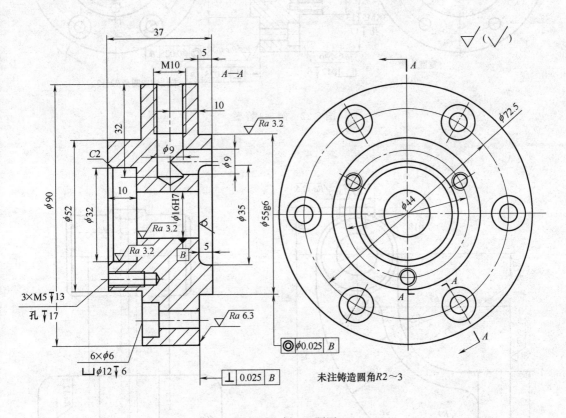

图 5-21 例 5-3 题图

形位公差的含义：$\perp\,\boxed{0.025}\,\boxed{B}$ 右大端面与基准（内孔 $\phi16\text{H}7$ 的轴线）的垂直度公差为 0.025；$\odot\,\boxed{\phi0.025}\,\boxed{B}$ 右侧 $\phi55\text{g}6$ 圆柱的轴线与基准（内孔 $\phi16\text{H}7$ 的轴线）的同轴度公差为 $\phi0.025$。

(3) 解读叉架类典型零件图

例 5-4 参照题图所示支架未剖视的零件图，重新选择合理的表达方案，标注该零件的长、宽、高三个方向的主要尺寸基准和技术要求（图 5-23、图 5-24）。

机械工人识图与绘图一本通

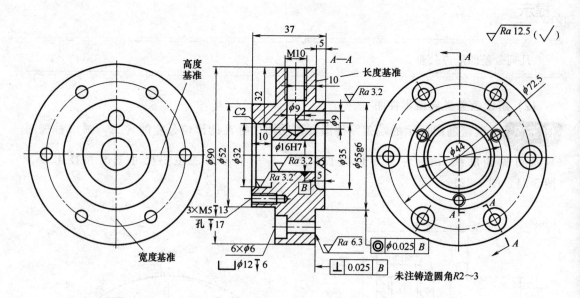

图 5-22 例 5-3 答案

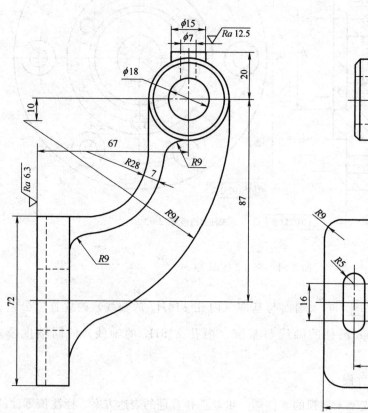

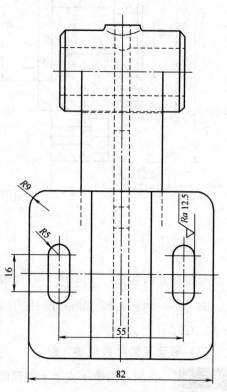

124

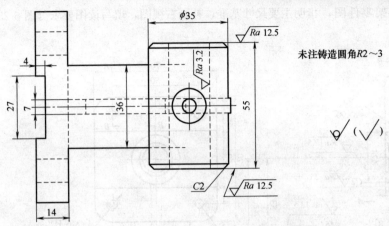

图 5-23 例 5-4 题图

提示

在主视图中采取一处局部剖、俯视图采取两处局部剖，删去左视图，补画 A 向局部视图，采取断面图表达 T 形肋板。删去多余虚线。

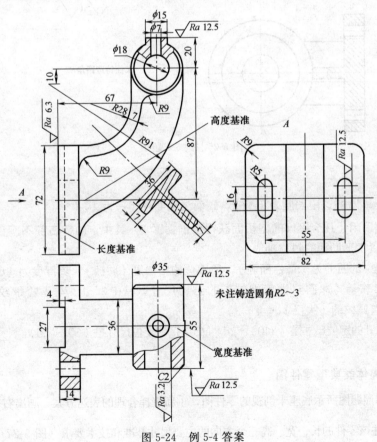

图 5-24 例 5-4 答案

看懂轴孔支架零件图，指明主要尺寸基准，补画右视图，填写读图要求（图 5-25、图 5-26）。

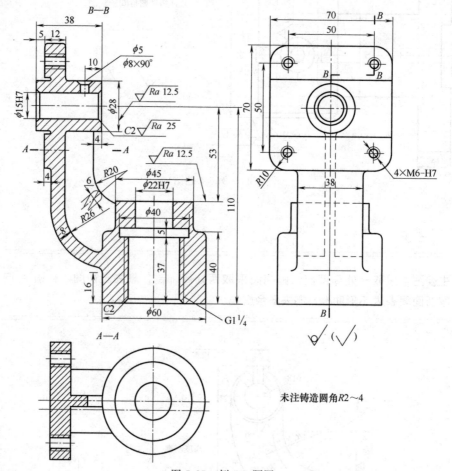

图 5-25　例 5-5 题图

读图要求

① 零件上 φ45 的这段长度为（17），端面结构要求代号为（√Ra 12.5）。

② 主视图采用（几个平行的剖切面获得全剖视图），其中，肋板右部不画剖面线，是由于剖切面通过（T 形肋板的对称轴线）。

③ 主视图中的断面为（重合断面），所表达的结构是（肋板），其厚度为（6mm）。

④ G1 1/4 表示（非密封性管螺纹）的结构尺寸。其中，1 1/4 是管螺纹的（公称直径），而不是管螺纹的（大径）。

⑤ φ15H7 孔的定位尺寸是（110）；　4×M6 -H7 的定位尺寸是（50、50）。

（4）解读壳体类典型零件图

例 5-6　参照题图所示底座未剖视的零件图，重新选择合理的表达方案，画出右视图（只画可见轮廓线），标注该零件的长、宽、高三个方向的主要尺寸基准和技术要求（图 5-27～图 5-29）。

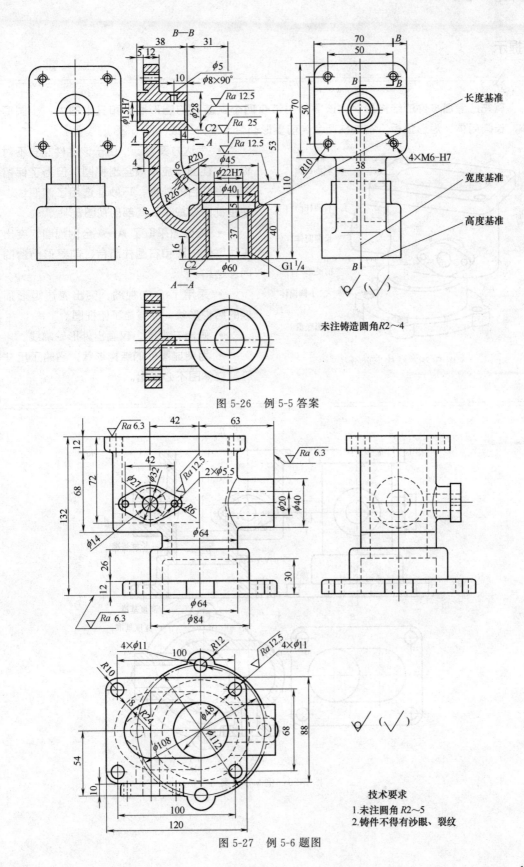

图 5-26 例 5-5 答案

未注铸造圆角R2~4

长度基准

宽度基准

高度基准

技术要求
1.未注圆角 R2~5
2.铸件不得有沙眼、裂纹

图 5-27 例 5-6 题图

机械工人识图与绘图一本通

提示

首先应看懂零件的结构形状，该零件由带有四个安装孔的圆形底盘和其上的大、小圆筒体、长圆筒体、矩形顶板、右圆柱凸台、前菱形凸台七部分组成（图 5-28）。

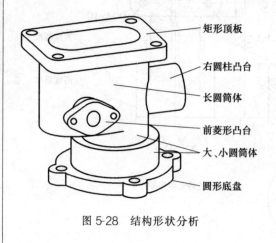

图 5-28 结构形状分析

- 表达方案设计：由于该零件左右不对称，主视图理应采取全剖视图，但为了保留前菱形凸台的外形，巧妙地选用了波浪线，使主视图变成了大局部剖视图。
- 俯视图采取了 A—A 全剖视图，突出表达零件内腔和右圆柱凸台、前菱形凸台的内部结构。
- 采用了 B 向视图，突出表达矩形顶板的结构形状，而省略了俯视图。
- 画出右视图，仅画出外形轮廓线。
- 为突显零件的结构形状，省略了尺寸等，立体图不必画出。

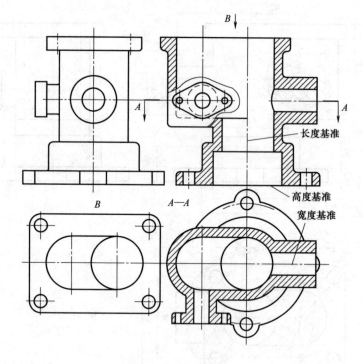

图 5-29 例 5-6 答案

第6章 机械装配图

任何机器或部件都是由若干零件装配而成的。表达整台机器的图样，称为总装配图；表达某个部件的图样称为部件装配图。

6.1 装配图的画法

(1) 装配图的分类

装配图按其功用可分为以下两类。

① 设计装配图 表达设计意图的装配图。它是设计部门提交给生产部门的重要技术文件，该图不仅要表达各零件之间的装配要求和相对位置，还要表达主要零件的主要结构形状。

② 装配工作图 表达装配关系的装配图。它是生产部门提交给自身装配车间的指导性文件。该图只需表达各零件之间的装配要求和相对位置即可，不必表达完整零件的结构形状。

提示

设计装配图可以代替装配工作图，但是装配工作图不可代替设计装配图。

(2) 装配图的内容

一张完整的装配图必须包括下列四项内容，如图 6-1 所示。

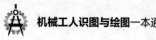

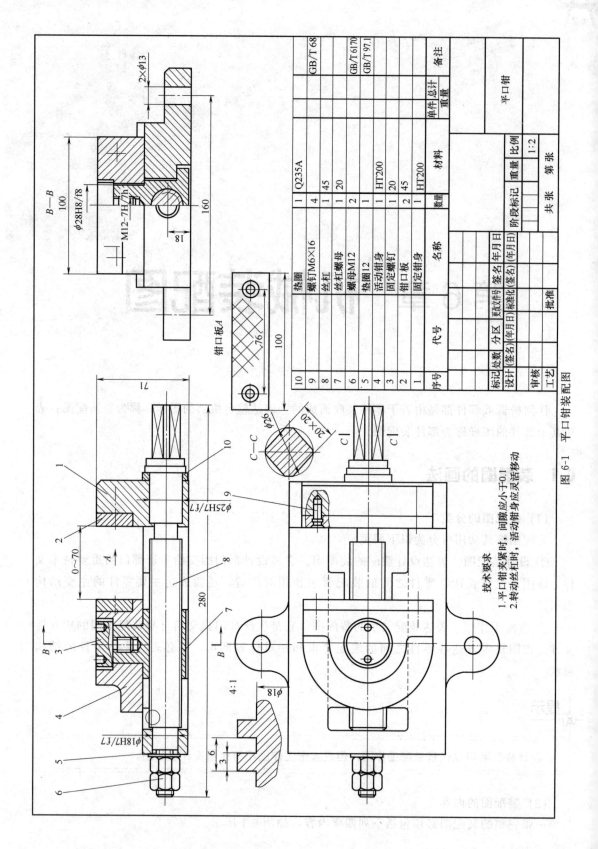

序号	代号	名称	数量	材料	备注
10		垫圈	1	Q235A	GB/T 68
9		螺钉M6×16	4		
8		丝杠	1	45	
7		丝杠螺母	1	20	
6		螺母M12	2		GB/T 6170
5		垫圈12	1		GB/T 97.1
4		活动钳身	1	HT200	
3		固定螺钉	1	20	
2		钳口板	2	45	
1		固定钳身	1	HT200	

					单件	总计		
					重量		平口钳	
标记	处数	分区	更改文件号	签名	年月日			
设计	(签名)	(年月日)	标准化	(签名)	(年月日)	阶段标记	重量	比例
								1:2
审核								
工艺		批准				共 张	第 张	

技术要求
1. 平口钳夹紧时，间隙应小于0.1
2. 转动丝杠时，活动钳身应灵活移动

图 6-1 平口钳装配图

① 一组视图 用必要的视图完整、清晰、准确地表达出机器的工作原理、各零件的相对位置、装配关系及连接方式和零件的主要结构形状。

② 必要的尺寸 装配图中仅标注表示机器或部件的规格（性能）、装配、安装、检验等方面的必要尺寸。

③ 技术要求 注明机器（部件）在装配、调试、检验以及工作时应达到的技术要求。

④ 零件序号、明细栏和标题栏 装配图中应对零件进行编号，并填写明细栏，注明各类零件的名称、材料、数量、规格等资料；还应填写标题栏，注明机器（部件）的名称、比例、图号等，绘图及审核人员应签名。

(3) 装配图的画法

前述的基本视图、剖视图、断面图等表达方法，同样适用于装配图。但装配图的侧重点在于表达零件间的装配关系，因此国家标准制定了如下规则。

① 装配图的规定画法

a. 两相邻零件的接触面和配合面只画一条线。但当两相邻零件的基本尺寸不同时，即使间隙很小，也必须画出两条线。图 6-2 中，端盖孔与主轴之间应画双线。

b. 相邻零件的剖面线应有区别，或者方向相反，或者方向一致但间隔不等或相互错开。必须注意，同一零件的剖面线在各视图中务必方向、间隔一致。

c. 对于紧固件、实心件（轴、杆、球、键、销、螺栓、螺母等），当剖切面通过其轴线纵向剖切时（切薄），均按不剖绘制，如图 6-2 所示。但剖切面垂直这些零件的轴线横向剖切时，则应画出剖面线。

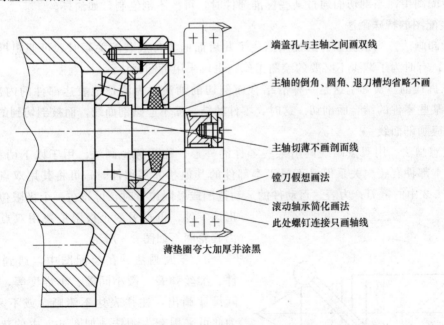

图 6-2 装配图的规定、简化及假想画法

② 装配图的简化画法

a. 装配图中若干相同的零部件组，如螺栓连接等，可详细地画出一组，其余只需用点画线表示其中心位置即可，如图 6-2 中的螺钉连接。装配图中也可省略螺栓、螺母、销等紧

固件的投影，而用细点画线和指引线指明它们的位置，此时，表示紧固件的公共指引线应根据其不同类型从被连接件的某一端引出，如螺钉、螺柱、销连接从其装入端引出，螺栓连接则从其装有螺母的一端引出，如图6-3所示。装配图中若干相同的零部件组，可仅详细地画出一组或几组，其余只需用细点画线表示出其位置，如图6-4所示。

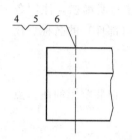
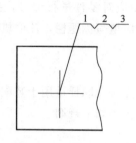

图6-3　装配图中紧固件的表示方法

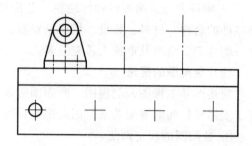

图6-4　装配图中相同零部件组的表示方法

　　b. 装配图中零件的工艺结构，如圆角、倒角、退刀槽、拔模斜度等允许不画，图6-2中，主轴上的工艺结构省略了。

　　c. 装配图中，对于薄垫片等不易画出的零件，允许将断面涂黑表示，如图6-2所示。

　　d. 装配图中，表示滚动轴承时，允许画出对称图形的一半，另一半画出轮廓，并用"＋"线画在对称位置上，如图6-2所示。

　　e. 装配图中，当剖切面通过某些标准部件时，可按不剖绘制，如油杯。

　　③ 装配图的特殊画法

　　a. 拆卸画法。当某些零件的视图挡住了其后面的零件或装配关系时，可假想拆去某些零件再画；有时为了减少不必要的绘图工作，也可采用拆卸画法。

　　b. 以拆代剖。实际上这是一种沿结合面剖切的画法。为清楚地表达部件的内部结构，可假想沿某些零件的结合面剖切。这时，零件的结合面不应画剖面线，而被剖切到的其他零件一般都应画剖面线。

　　c. 假想画法。用双点画线画出某些零件的外形，称为假想画法。用于以下两种情况：为表达与本部件有装配关系但又不属于本部件的其他相邻零部件时，可将其用双点画线画出，如图6-2中的镗刀；为表达运动件的运动范围或极限位置时，可先在一个极限位置上画出该零件，再在另一个极限位置用双点画线画出其轮廓，如图6-5所示。

　　d. 夸大画法。在装配图中，遇到薄片零件、细丝弹簧、微小间隙、小锥度等，如按实际尺寸画出，往往表达不清晰，或不易画出，为此可采用夸大画法。如图6-2中的垫圈，采用夸大画法加厚画出。

　　e. 单独画法。在装配图中，当某个零件的结构形状未表达清楚，且对理解装配关系有影响时，可将某一个或几个零件抽出来，单独画

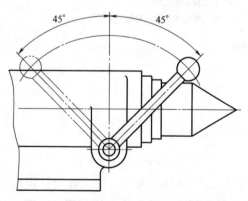

图6-5　假想画法——表达运动极限位置

出其视图、剖视或断面图，称为单独画法。但必须明确标注，图 6-6 中，单独画出了泵盖的 *B* 向视图。

f. 展开画法。在装配图中，为表达某些重叠机构，可以假想按其运动顺序剖切，然后展开在同一平面上，并标注"×—×展开"，称为展开画法，如图 6-7 所示。

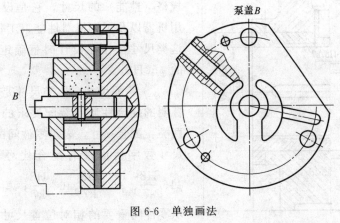

图 6-6 单独画法

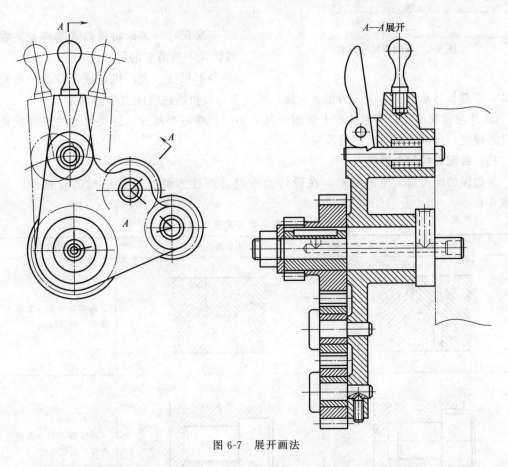

图 6-7 展开画法

(4) 装配图的尺寸标注

装配图与零件图的作用不同，因此对尺寸标注的要求也不同。零件图是指导加工的依

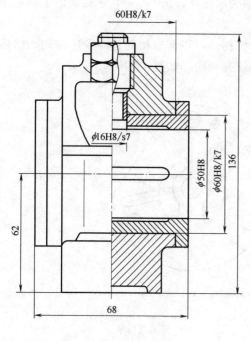

图 6-8　装配图尺寸标注

据，所以要注出全部尺寸；而装配图是表达设计意图或指导装配的依据，不需要注出全部尺寸，只需标注下列五类尺寸。

① 规格（性能）尺寸　表示机器、部件的规格（性能）的尺寸，它是设计机器、用户选用机器以及了解机器性能、工作原理等的依据。这类尺寸往往在设计时就确定了，如图 6-8 中的 $\phi50H8$。

② 装配尺寸　这类尺寸是确保正确装配而标明的配合性质及装配要求的尺寸。一般分为两类：配合尺寸，表示零件间配合性质的尺寸，尺寸数字后面注有配合代号，如图 6-8 中的 $\phi16\frac{H8}{s7}$、$\phi60\frac{H8}{k7}$、$60\frac{H8}{k7}$；相对位置尺寸，表示零件间重要的相对位置尺寸，如图 6-8 中的中心高 62。

③ 安装尺寸　表示将机器或部件安装在基座上或机壳上所需要的尺寸。

④ 外形尺寸　表示机器或部件的外形轮廓尺寸，即总长、总宽、总高。为包装运输、车间布局提供所占空间大小的尺寸。

⑤ 其他重要尺寸　未包括在上述四类尺寸中的一些重要尺寸，这类尺寸往往在设计时经计算确定，拆画零件图时不可改变。

（5）装配结构的合理性

为确保装配质量，便于装拆，在设计绘图时必须注意装配工艺结构的合理性，具体见表 6-1。

表 6-1　常见装配工艺结构

合理结构	不合理结构	说明
		两零件在同一方向上只能有一对接触面
		两零件在同一方向上只能有一对配合面

合理结构	不合理结构	说明
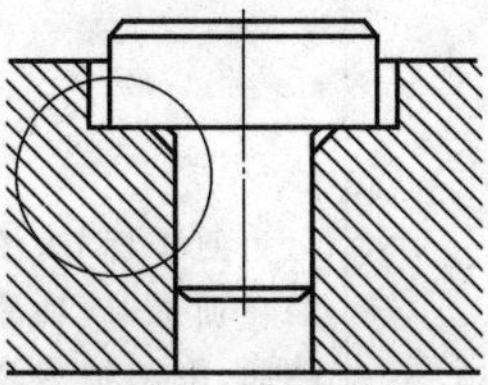	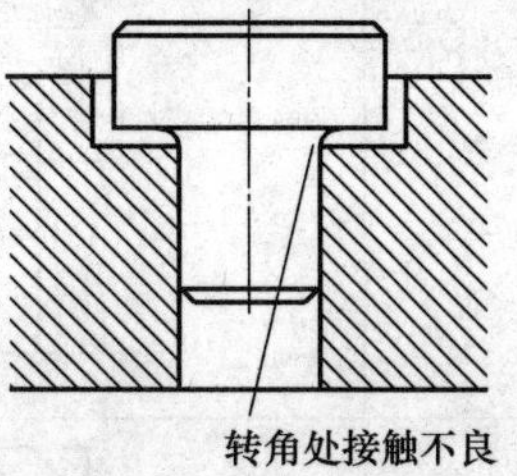 　转角处接触不良	为确保两零件转角处接触良好,应将转角处设计成合理的圆角、倒角或退刀槽
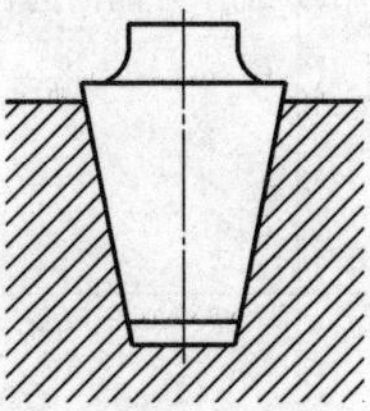	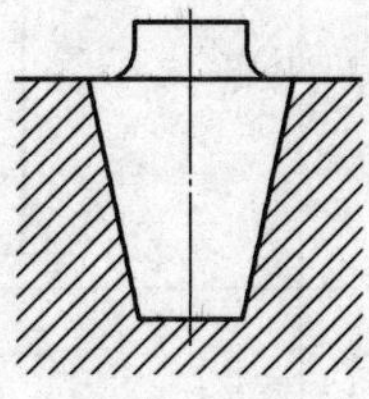	锥面配合,底部应留有余地
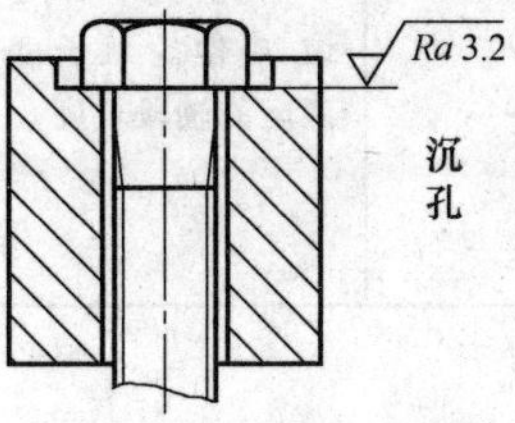 　沉孔	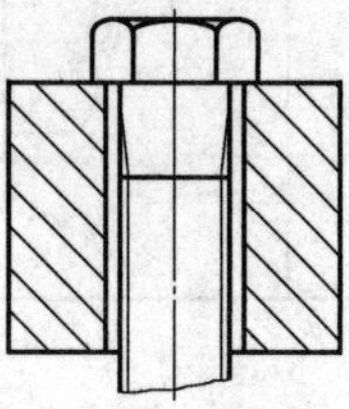	为确保螺栓等连接件的良好接触,应在被连接件上加工出凸台或沉孔
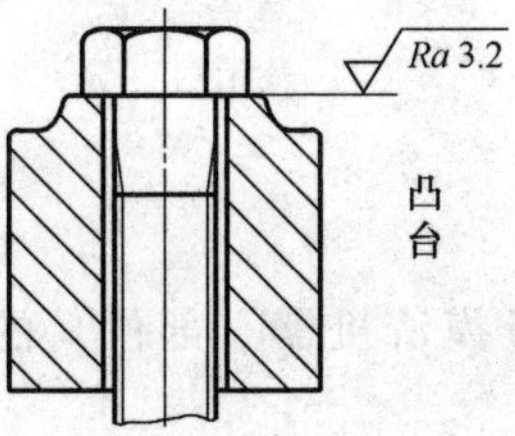 　凸台	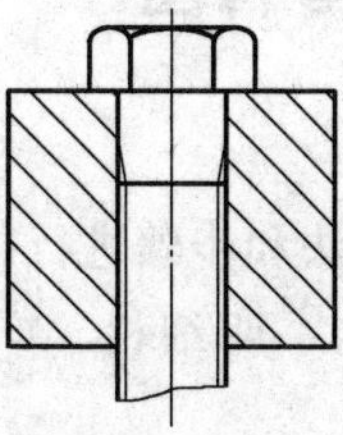	
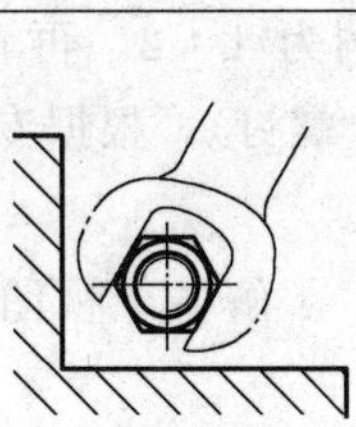	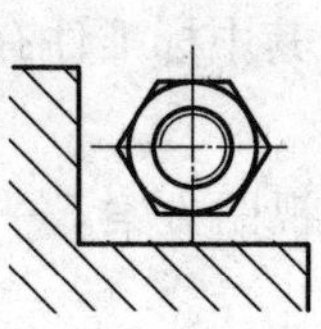	螺纹连接要留足装拆的活动空间
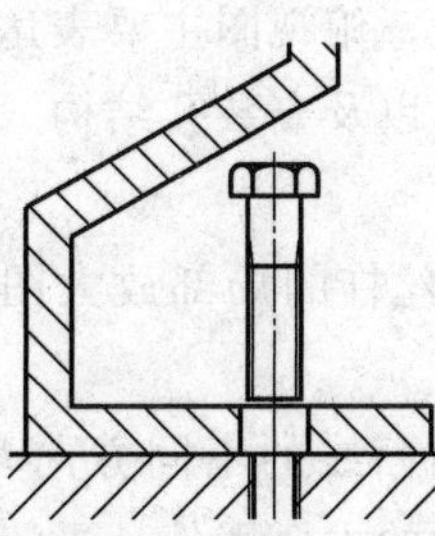	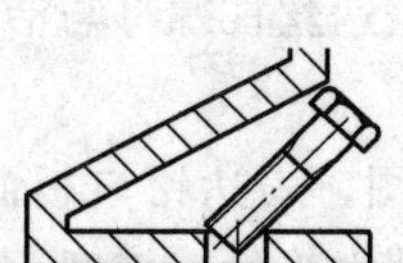	

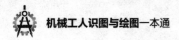

合理结构	不合理结构	说明
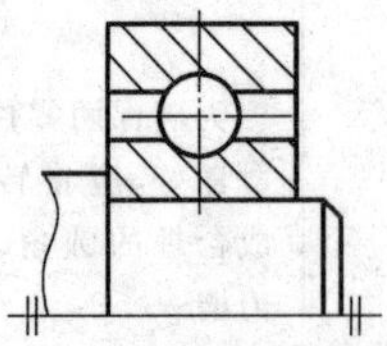	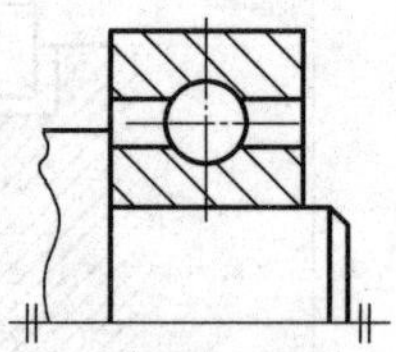	为便于拆卸,滚动轴承装在轴上时,轴肩应低于内圈,滚动轴承装在箱体孔内时,箱体孔径应大于轴承外圈的内径
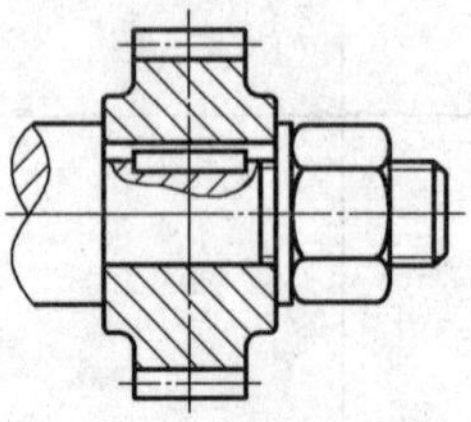	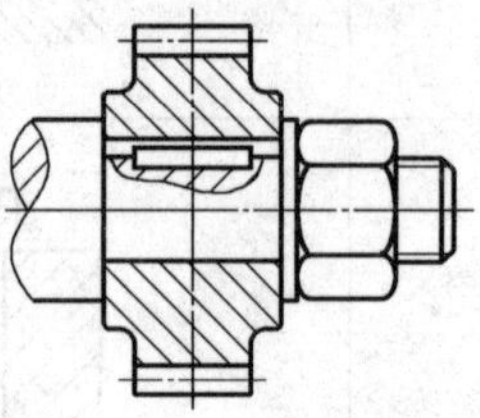	齿轮等的轴向并紧定位,应使轮毂长度大于相匹配的轴段长度

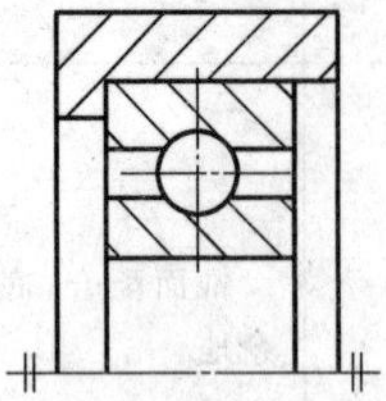

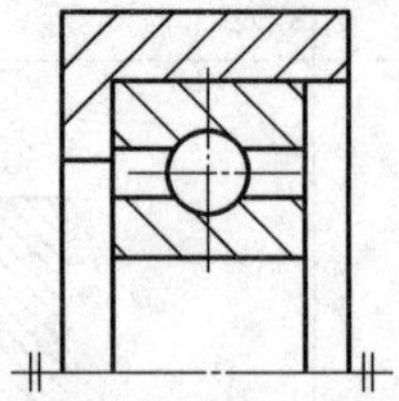

6.2 识读装配图并拆画零件图

(1) 识读装配图

识读装配图一般应按以下方法和步骤进行。

① 概括了解 通过看标题栏、明细栏、产品说明书,尽量摸清机器(部件)的功用、性能及工作原理。

如图 6-1 所示,从标题栏中得知该装配图名称是平口钳,比例为 1:2。再看明细栏,得知该装配体由 10 种零件组成,其中标准件有三种(螺母、垫圈、螺钉),根据专业实践知识,得知平口钳是机床用夹具。

② 视图分析 分析装配图的视图方案,一般先从主视图看起,了解各个视图的表达侧重点。

如图 6-1 所示,该装配图共用了三个基本视图:主视图采取了全剖,重点表达主装配干线上的装配关系;俯视图采用了小局部剖,表示用螺钉固定钳口板,俯视图主要表达平口钳外形;左视图采取半剖,主要表达丝杠螺母与活动钳身的配合关系以及安装孔结构。该装配图还采用了三个辅助视图:

单独画出钳口板的 A 向视图,表达钳口板面的网纹和螺孔;丝杠的局部放大图,主要表达丝杠的螺纹牙形;丝杠右端方头的断面图,便于选用方口扳手。

③ 零件分析 这是看图的关键环节:分离零件,通过零件剖面线的不同方向及间隔,对照投影关系,弄清各零件的轮廓形状;运动分析,抓住机器做功的主要零件,弄清其运动

轨迹，顺藤摸瓜了解支承件的连接方式，进一步摸清固定件的结构形式；装配分析，重点分析配合尺寸，弄清邻接件的配合性质，对照投影，明确各零件的装配位置，看清定位部位及连接方式。

如图 6-1 所示，分离零件，查找明细栏、零件序号，区分不同剖面线、结合投影，分离出各零件，尽量想象零件的结构及功用；零件分析，从动力源（丝杠右端方头）开始，看出丝杠可在方头扳手的作用下转动，由于丝杠被左端双螺母定位，只能自转，这样便可带动丝杠螺母和其上的活动钳身左右移动，达到夹紧工件的目的；装配分析，丝杠与固定钳身两端轴孔的配合属于基孔制间隙配合（$\phi18H7/f7$、$\phi25H7/f7$）；活动钳身轴孔与丝杠螺母的配合也属于基孔制间隙配合（$\phi28H8/f8$），丝杠与丝杠螺母靠矩形螺纹连接传动，丝杠螺母顶面与固定螺钉靠螺纹连接（M12-7H/7h）。

④ 综合归纳 为全面透彻地读懂装配图，应了解整部机器的装拆顺序，熟悉每个零件的结构作用及装配工艺，从而落实满足技术要求的装配、调试、检验措施等。

如图 6-1 所示：装拆顺序——如丝杠螺母的拆卸，可先旋出丝杠左端的双螺母，从固定钳身右端旋出丝杠，再从活动钳身顶端旋出固定螺钉，这样，丝杠螺母便可由固定钳身下方拆下；零件结构——分析零件结构的功用，以便进一步领会设计意图，如固定螺钉顶面上的两盲孔是为旋紧而设的；技术要求——仔细阅读技术要求，落实装配措施，确保安装精度，如丝杠左端的双螺母松紧定位要恰当，要使丝杠转动灵活又不致打晃；工作原理——从局部到整体，明确装配、调试、检验等技术指标后，归纳整台机器（部件）的工作原理及性能。

(2) 拆画零件图

画零件图的依据是设计装配图，因此要在全面看懂装配图的基础上，结合零件的功用及装配关系，按加工要求画出零件。现以平口钳为例，说明拆画零件图的要领。

① 零件结构形状——合理构思。

装配图中可能遮挡了某些零件的结构形状，甚至某些零件的结构形状在装配图中尚未表达完全，在拆画零件图时，要领会零件的设计意图合理构思。

装配图中可以省略零件的工艺结构（如倒角、退刀槽、圆角、砂轮越程槽等），而零件图必须合理补画。如图 6-9 中补画了固定螺钉头部的倒角（全部倒角 C1）。

② 零件图视图方案——不应机械抄搬。

零件图是为加工服务的，而装配图主要是表达装配关系的，两者的表达方案是不同的。虽然零件的结构形状应与装配图协调一致，但视图方案绝不应机械抄搬。如轴套类零件应按加工位置水平放置，图 6-9 拆画出的固定螺钉零件图，视图方案就与装配图不同。

③ 零件图上的尺寸——协调一致。

零件图尺寸应与装配图协调一致，因此装配图已标注的尺寸要直接抄注。配合尺寸应查出偏差标注（方便加工），工艺结构等要素应查标准按规定标注。相关零件的尺寸应核算确认，如齿轮的分度圆直径等。对于装配图中未标注的尺寸，可采用比例量得，即用分规和直尺在装配图中按比例量取，然后标注。图 6-9 固定螺钉零件图中的尺寸，大多依靠"比例量得"。

④ 零件图技术要求——合理制定。

技术要求是加工零件的质量指标，应根据零件结构作用，参照有关资料合理制定。

a. 表面粗糙度：运动面、配合面的粗糙度要求高，固定面、安装面一般稍低，非配合面、非接触面最低。

　　b. 尺寸公差：可根据配合代号查表确定。

　　c. 形位公差：精密部位，合理制定。

　　d. 热处理等：根据零件功能合理制定。

　　由图 6-1 拆画的零件图如图 6-9～图 6-15。

提示

零件图中省略了标题栏，读者可根据装配图获取相关信息。

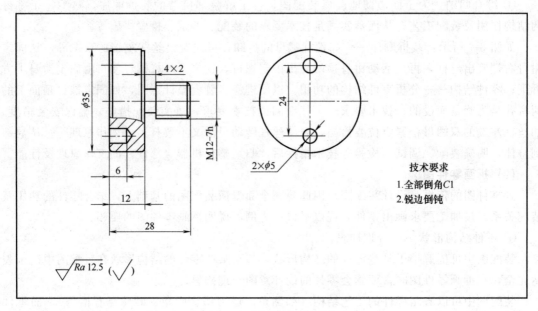

图 6-9　固定螺钉零件图

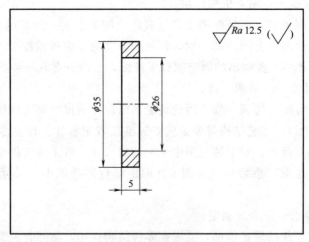

图 6-10　垫圈零件图

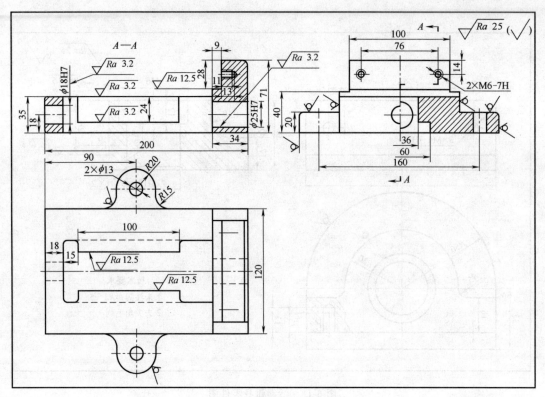

图 6-11　固定钳身零件图

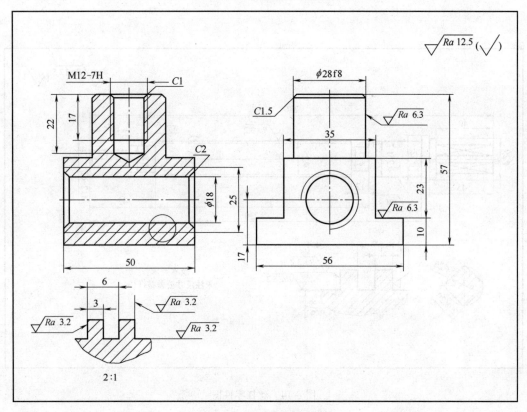

图 6-12　丝杠螺母零件图

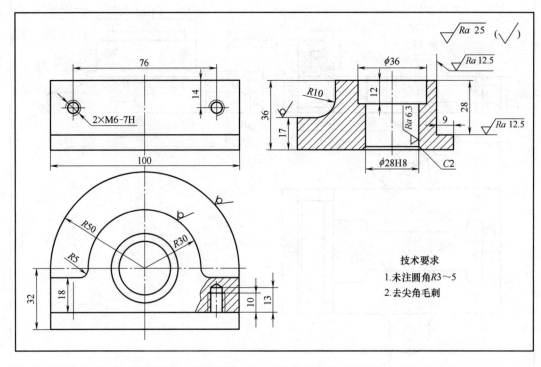

图 6-13 活动钳身零件图

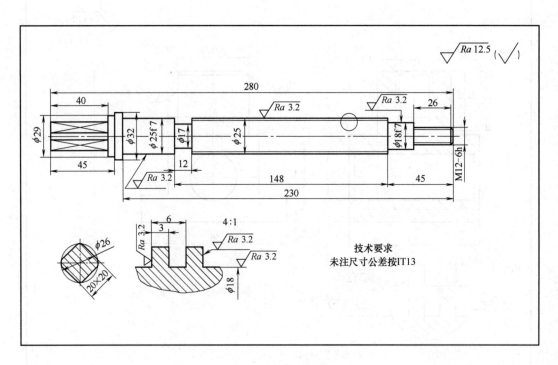

图 6-14 丝杠零件图

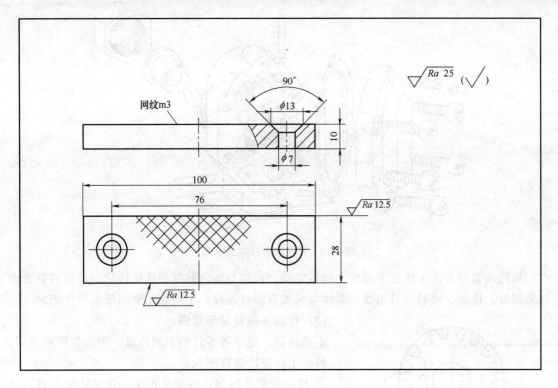

图 6-15 《钳口板》——零件图

提示

垫圈属于标准件，不需要画零件图。

6.3　装配体测绘

在现场（车间），对实际机器（部件）进行正确拆卸，画出为记录零件位置的装配示意图；徒手画出零件草图，并进行测量；然后回到制图室，绘制装配图和零件工作图的全过程称为装配体测绘，也称零部件测绘。

现以齿轮油泵为例说明测绘的一般方法和步骤（图 6-16）。

（1）概括了解

测绘装配体时，首先应对被测对象进行全面的分析、了解，弄清其功用、性能、工作原理、结构特点以及零部件间的装配关系，观察被测对象、查阅有关资料。

齿轮油泵是机器设备中润滑系统的供油泵。其工作原理是通过泵体内的一对啮合齿轮旋转，使轮齿之间形成局部真空（左边啮合的轮齿逐渐分离，空腔渐大，压力降低），让润滑油在大气压力的作用下进入泵体，如图 6-17 所示，润滑油随齿轮旋转被带到右边，并随着轮齿的重新啮合，空腔渐小，压力加大，使从齿隙中挤出的润滑油成为高压油，并由出口压出。

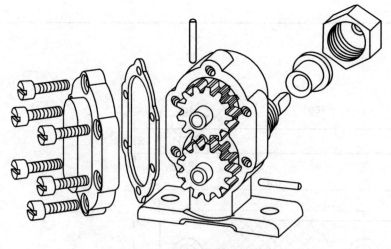

图 6-16　齿轮油泵拆卸立体图

齿轮油泵的装配干线是下面的主动齿轮轴，齿轮与轴之间靠销连接传动。动密封装置由压紧螺母、压盖、填料三者组成。泵体与泵盖靠螺钉连接，中间靠工业用纸板垫片密封。

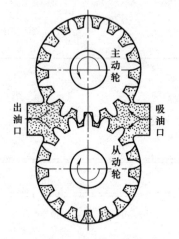

图 6-17　齿轮油泵工作原理

（2）拆卸并画装配示意图

正确拆卸，记录各零件的相对位置，画出装配示意图。拆卸工作应注意以下几点。

① 按一定顺序拆卸，拆卸要得法，合理使用工具，以确保精度，勿损坏零件。应明确"拆"是为了"画"，对于不可拆的零件（如过盈配合）和不必拆卸就能测绘的零件，应尽量不拆。

② 妥善保管零件，防止碰伤、生锈、变形，重要零件应浸在油中（便于清洗及重新安装），对零件进行编号、拴标签并命名。

③ 弄清各零件的材料、数量及结构特点，特别应判明零件间的装配关系和配合性质，如两齿轮与两轴（主动轴和从动轴）之间属于过渡配合，依靠圆柱销固定传递扭矩。

画装配示意图应注意以下几点。

① 装配示意图是画装配图的依据，也可使拆卸工作有条不紊，绝不可忽视。

② 装配示意图是单线条的记录性图样，只用于标明各零件的相互位置，各零件可视为透明体，无前后之分，均为可见。

③ 各零件应进行编号、命名等。

④ 区分标准件与非标准件。其中非标准件需画草图，标准件只需测量规格尺寸，查出标准代号。齿轮泵装配示意图如图 6-18 所示。

提示

根据具体情况，适当标出标准年份。

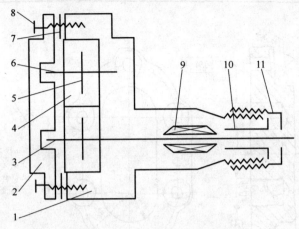

11	压盖螺母	1	ZCuSn5Pb5Zn5	
10	填料压盖	1	ZCuSn5Pb5Zn5	
9	填料	1	石棉盘根	
8	螺钉 M6×16	6		GB/T 67
7	垫片	1	工业纸板	
6	从动轴	1	45	
5	圆柱销 $\phi 4 \times 28$	2	20	GB/T 119.2
4	齿轮	2	45	
3	主动轴	1	45	
2	泵盖	1	HT200	
1	泵体	1	HT200	
序号	名称	数量	材料	备注

图 6-18 齿轮泵装配示意图

(3) 画零件草图及测量

① 画零件草图 零件草图是徒手、目测、大致比例绘制成的零件图，它应包括零件图的全部内容，对于所有非标准件，都要画零件草图。零件草图是在现场（车间）速画而成的，故应事先练好徒手画图的基本功（徒手画好直线、角度线、圆等）。对于标准件不必画草图，但要测量并查阅标准定准规格、代号。对于不成形件（如石棉盘根）也不必画草图。图 6-19 所示为泵盖的零件草图，从图中可以看出，零件草图虽然是徒手画成的，但也要线型分明、尺寸完整，并注明技术要求，填写标题栏，符合大致比例。在特急情况下，零件草图可直接指导生产加工。

泵体、硬纸垫片、齿轮、主动轴、从动轴、填料压盖、压盖螺母都要绘制零件草图，这里从略。

② 测量和标注尺寸

a. 画草图时，应先选好尺寸基准画出全部尺寸线（空数字）后，再统一测量尺寸。应分清主次尺寸，选用合适的量具（钢尺、游标卡尺、千分尺等）仔细测量。对于一般结构尺寸，应测量后注写圆整数字，还应特别注意尺寸的协调（如两齿轮的中心距要通过计算验证），标准结构应查标准确定。

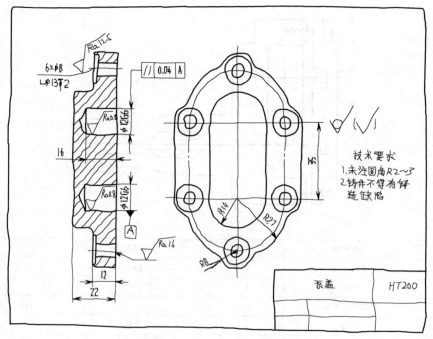

图 6-19　泵盖——零件草图

b. 对于难于测量的曲面等，可采用拓印法确定尺寸。

c. 螺纹五要素（牙形、公称直径、螺距、线数、旋向），其中牙形、线数和旋向凭目测即可，公称直径（大径）可用游标卡尺测量，再结合查标准确定，螺距可采用螺纹规测定，如图 6-20 所示，无螺纹规时，也可采用拓印法测定，如图 6-21 所示。

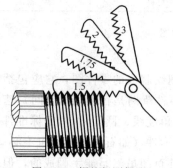

图 6-20　螺纹规测螺距

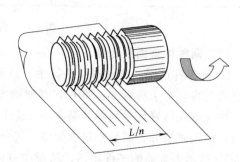

图 6-21　拓印法测螺距

d. 标准直齿圆柱齿轮参数有模数、齿数、分度圆直径、齿顶圆直径、齿根圆直径等，其中齿数可以数出来，而模数和分度圆直径无法直接测量，可通过测量齿顶圆直径换算出来，具体可按以下步骤进行。

ⅰ. 数齿数 z。

ⅱ. 测量齿顶圆直径。

ⅲ. 换算模数：$m = d_a / (z+2)$。

ⅳ. 圆整成标准模数：查标准，考虑测量误差及磨损因素。

ⅴ. 换算出分度圆直径：$d = 标准模数 \times 齿数$。

ⅵ. 换算出齿根圆直径：$d_f=$标准模数$\times(z-2.5)$。

ⅶ. 换算修正齿顶圆直径：$d_a=$标准模数$\times(z+2)$。

ⅷ. 测量其他结构尺寸。

e. 尺寸公差、形位公差、表面粗糙度、热处理等技术要求，有条件时应采用精密量具测定，无条件时可根据零件结构功用合理确定。精度测定是确保零件质量的关键，应理论联系实践，细致深入研究零件各部位功能后，合理确定，严防主观臆断。

（4）绘制装配图

① 拟定表达方案

> **提示**
>
> a. 装配分析。分析机器（部件）的工作原理、装配关系以及主要零部件的结构形状。
>
> b. 主视图选择。将反映主要装配关系的最佳方向定为主视方向，同时应将装配体按工作位置放置。
>
> c. 确定其他视图。恰当补充主视图的不足，即补充主视图尚未表达而又必须表达的内容，所选视图应侧重点明确，相互配合，避免重复。
>
> d. 采用恰当剖视等。沿装配干线剖切是显示装配特征的主要方法，恰当的局部剖、移出断面、拆卸画法等是巧妙表达的捷径。
>
> 一般应多选择几种方案，在认真分析、比较的基础上确定最佳表达方案。

② 画装配图的方法和步骤

a. 选比例，定图幅，布置图面。按确定的表达方案，根据机器（部件）的大小及结构复杂程度，选定适当比例和图幅，然后用轴线、对称线以及主要零件的主轮廓线确定各视图的主基准线，图面布局应考虑标注尺寸、明细栏、零件编号、填写技术要求所需的面积。齿轮油泵装配图选择了1∶1的比例和A3图幅，图面布局先预留了明细栏等的位置，再在主、左视图中画出两轴线（主动轴和从动轴）以及泵体底板的安装基准线，如图6-22所示。

b. 纸上装配。顺着装配干线依次装画零件（假设安装零件）。初学者可先画出主体零件的大致轮廓，再沿着装配干线由里向外画。一般先从主视图画起，先定位画好装配干线上的主要零件，再依次装画其他零件。齿轮油泵装配图应定位、画好两齿轮和两轴（主动轴、从动轴）后，再纸上装配其他零件，如图6-23所示。

c. 协调装配结构。装配细节结构应合理，要区分配合面与非配合面的画法特点，相邻零件的关联结构及尺寸应协调等。

d. 完成全图。标注必要的尺寸，画剖面线，零件编号，加深，填写标题栏和明细栏，注写技术要求，完成全图。

e. 复核全图。装配图绘制过程繁杂，认真地复核全图是必不可少的。

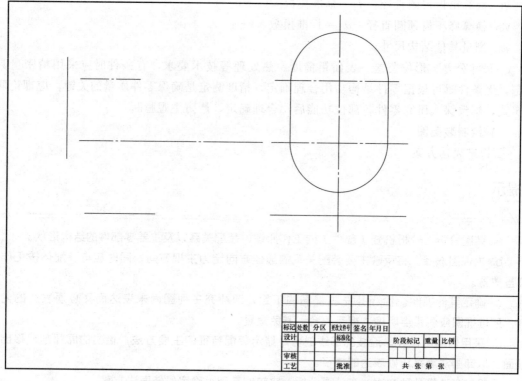

图 6-22　图面布置——定画轴线、基准线，留足明细栏等位置

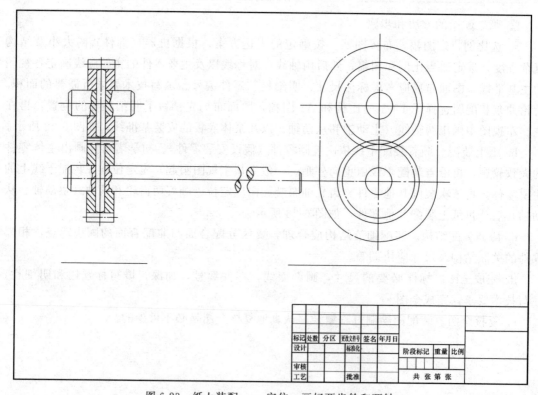

图 6-23　纸上装配——定位、画好两齿轮和两轴

(5) 绘制零件工作图

根据装配图和零件草图整理绘制零件工作图。画零件工作图时，应进一步审视零件的表达方案。不必强求与零件草图和装配图的视图方案一致。对零件的重要尺寸，特别是配合尺寸应注意协调，必要时应进行核算。对于表面粗糙度、技术要求等可参照零件草图及有关资料制定。图 6-24 所示为泵盖的零件工作图，其他零件工作图从略。

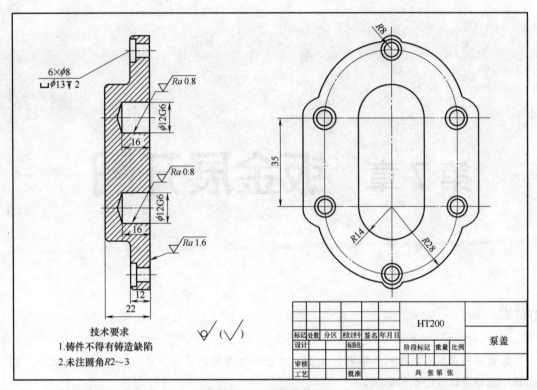

图 6-24 泵盖零件图

第7章 钣金展开图

提示

钣金展开在实际操作时还要考虑厚度及其他一些因素的影响，本章在讲述展开图画法的过程中忽略了这些因素的影响。

画立体表面展开图实质是求表面实形的问题。绘制展开图可采用图解法和计算法。如图 7-1（a）所示，斜切四棱柱管是采用图解法绘制的展开图；如图 7-1（b）所示，圆柱管是采用计算法绘制的展开图。

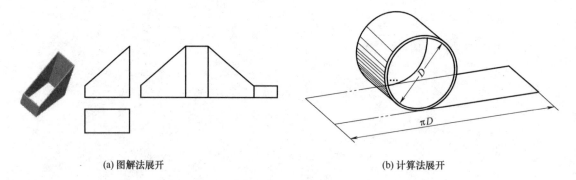

(a) 图解法展开   (b) 计算法展开

图 7-1　展开图画法

148

7.1　平行线法画展开图

平行线法适用于棱柱和圆柱类型的制件展开，由于该类立体表面的棱线和素线互相平行，故采用平行线法画展开图较方便。

(1) 斜切圆柱管的展开图

斜切圆柱管件的展开图如图 7-2 所示。画出斜切圆柱管件的主、俯视图，将俯视图上的圆周 12 等分（也可根据精度要求采取其他等分），并在主视图上画出对应素线（均为铅垂线）。作一线段使其长度等于圆柱管的圆周长，并将其 12 等分，自等分点作垂线，并截取其对应主视图的素线长度，然后将各垂线的末端依次连成一条光滑的曲线即成。

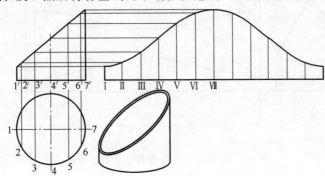

图 7-2　斜切圆柱管的展开图

(2) 异径三通管的展开图

异径三通管的展开图如图 7-3 所示。画出异径三通管的主、左视图，求得相贯线的投影（在主、左视图上在直立小圆筒的上方各画半圆并等分，然后求得相贯线）。画出直立小圆管上端面圆周的展开线 AB，并 12 等分，再从各等分点作垂线，然后在各垂线上分别量取其对应素线的长度，得Ⅰ、Ⅱ、Ⅲ、Ⅳ等点，最后依次连成光滑曲线即得小圆管的展开图。

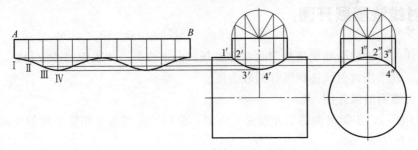

图 7-3　异径三通管的展开图

提示

　实际生产中，常将小圆管放样，弯成圆管后，放在大圆管上划线开口，然后把两圆管焊接制成。

（3）四节等径圆管直角弯头的展开图

如图 7-4 所示，分析构件主视图，四节等径圆管直角弯头各素线平行，且都平行于正面，故可用平行线法作图（俯视图不必画出，仅在主视图中画一半圆体现）。一般将底圆 12 等分（图中采用简化画法，画一半圆 6 等分）作出 12 条素线的主视图，求得各素线与相贯线的交点。画一水平线长为 πD，也进行 12 等分，画出 12 条素线，求得相应交点。顺次光滑连点，即得展开图。

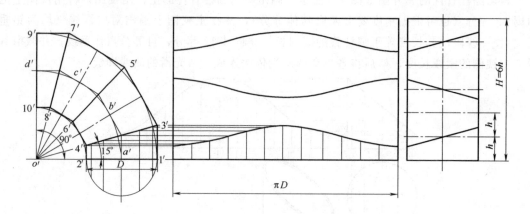

图 7-4　四节等径圆管直角弯头的展开图

 提示

实际展开时，是将四节圆管相互错开 180°，拼接为整张矩形板，对称划线，交错开缝。

7.2　放射线法画展开图

放射线法适用于棱锥和圆锥类型的制件展开，由于该类立体表面的棱线和素线汇交于锥顶成放射线，故采用放射线法画展开图较方便。

（1）正圆锥面的展开图

如图 7-5 所示，正圆锥面的展开图是一扇形，扇形的半径等于圆锥素线的长度 L，扇形的圆心角 $\alpha = D/L \times 180°$。

（2）斜口圆锥管的展开图

斜口圆锥管的展开图如图 7-6 所示。

展开正圆锥表面：以正圆锥素线实长为半径，画一圆弧；在水平投影上将锥底圆周 12 等分；再以每份弦长代替弧长，在所画圆弧上截取 12 等分，得一扇形。

作截交线的展开图：过 a'、b'、c'、d'、e'、f' 作水平线，与最右边素线相交，再以锥顶为圆心，以锥顶到各交点的距离为半径，画圆弧与扇形图中对应素线交于 A、B、C、D、E、F、G 各点；依次连成光滑曲线即成。

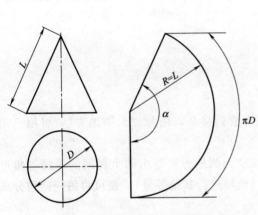

图 7-5 正圆锥面的展开图

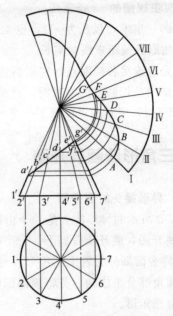

图 7-6 斜口圆锥管的展开图

(3) 圆管与圆锥管正交接头的展开图

圆管与圆锥管正交接头是由两个相同角度（45°）斜切的圆管与圆锥管正交（两轴线垂直并相交）相贯组成的，如图 7-7 所示。相贯线为平面曲线（椭圆）。其主视图反映各截断素线的实长。

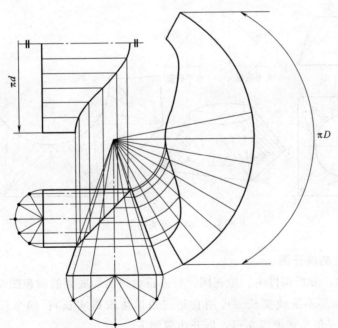

图 7-7 圆管与圆锥管正交接头的展开图

① 画出截切圆锥管的展开图。

a. 将竖直圆锥管的俯视图（圆）分成适当等分（根据精度要求确定），一般采取 12 等分，对应主视图的 12 条素线。

b. 画一扇形，弧长为 πD，也 12 等分 ，画出 12 条素线的展开图。

c. 截取各截断素线的实长。

d. 光滑连接各截断点，完成斜切圆锥管的展开图。

② 画出截切圆管的展开图。将圆管适当等分，图中采用简化画法（直接在主视图上画半圆 6 等分），展开图也仅画了一半。

7.3 三角形法画展开图

(1) 异形接头的展开图

图 7-8 所示的异形接头是一个由圆管过渡到方管的接头，俗称"天圆地方"，可用三角形法画展开图，展开步骤如下。

① 将表面划分为若干三角形。可以看出，该"天圆地方"是由四个相同的等腰三角形和四个圆角部分组成的，若将顶部圆周 12 等分（也可进行其他等分），便可将每一圆角分成三个近似三角形。

② 求各三角形各边实长。在三角形各边中，1-2 和 1-3 两线需用三角形法求实长，其余各边均平行于水平投影面，均在俯视图上反映实长。

③ 用已知三边画三角形的方法，依次画出全部三角形。

从上述展开图作法可知，三角形法可以把不规则的曲面划分成若干三角形平面，近似地展开，所以得出的展开图也是近似的。

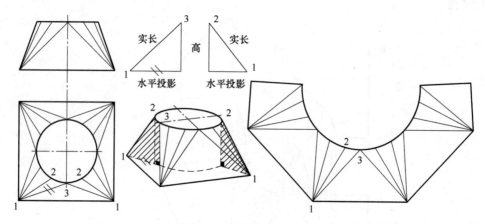

图 7-8 异形接头的展开图

(2) 长方锥台的展开图

如图 7-9 所示，分析构件主、俯视图，长方锥台顶面和底面的俯视图反映实形；而四条棱线的主、俯视图都不反映实长（可用直角三角形法求得实长）；四个梯形棱面（两两相等），可分成两个三角形来求得实形，展开步骤如下。

① 直角三角形法求棱线实长。

② 作一直线 BC'，长度为 bc，再以 B 点为圆心以 BD 为半径画弧、以 C 点为圆心以 AB 为半径画弧，得交点 D，连成一△BCD。

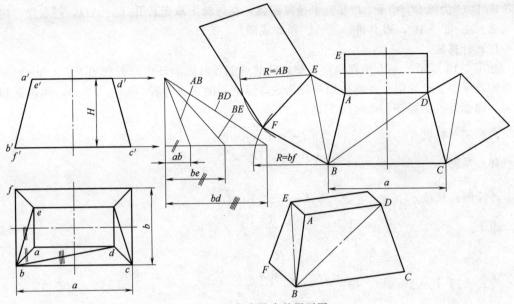

图 7-9　长方锥台的展开图

③ 再分别以 B、D 点为圆心，分别以 AD、AB 为半径画两圆弧，得交点 A，连成另一 $\triangle ABD$。

④ 同理，把侧棱面分成两个三角形（$\triangle ABE$ 和 $\triangle BEF$），按各边实长作图得到侧棱面的实形图。

⑤ 依次摊平。

7.4　近似法画展开图

球面、正螺旋面、柱状面等曲面，理论上是不可展曲面。不可能按其实际形状依次摊平成平面，但实际生产中也往往需要画出它们的展开图，故采用近似法作图。近似法作图，实质是把不可展曲面分成若干较小部分，将每一小部分看成是可展平面、柱面或锥面来画展开图。

圆柱正螺旋面在生产中，常用于输送原料，俗称绞龙。加工时要按每一导程间的一圈曲面展开下料，再焊接起来。圆柱正螺旋面的展开图如图 7-10 所示。现介绍两种生产中常用的作图法。

(1) 简便展开法

已知圆柱正螺旋面的基本参数（外径 D、内径 d、导程 S、宽度 b），一个导程圆柱正螺旋面的展开步骤如下。

① 以 S 及 πd 为两直角边作直角三角形 ABC，斜边 AC 即为一个导程圆柱正螺旋面的内缘实长 l。

② 以 S 及 πD 为两直角边作直角三角形 ABD，斜边 AD 即为一个导程圆柱正螺旋面的外缘实长 L。

③ 以 AC、AD 为上、下底，以 $b=(D-d)/2$ 为高作等腰梯形（图中只画了一半），沿长 DC 和 Ⅱ-Ⅰ 交于 O 点。

④ 以 O 为圆心，$O\mathrm{I}$、$O\mathrm{II}$ 为半径画圆弧，在外圆上取弧长 $\mathrm{II}\text{-}\mathrm{IV}=AD$，得点 IV，内圆上取弧长 $\mathrm{I}\text{-}\mathrm{III}=AC$，得点 III，连 III、IV 即成图。

(2) 计算法

如图 7-10 所示，一个导程圆柱正螺旋面的近似展开图为环形，若已知 R、r 和 α，则此环形即可画出。已知圆柱正螺旋面导程为 S，螺旋面的内、外径分别为 d、D，则内圈和外圈每一圈螺旋线的展开长度可用下式求出：

内缘展开长度 $$l=\sqrt{S^2+(\pi d)^2}$$

环形宽度 $$b=\frac{D-d}{2}$$

外缘展开长度 $$L=\sqrt{S^2+(\pi D)^2}$$

由于 $$\frac{R}{r}=\frac{L}{l} \tag{1}$$
$$R=r+b \tag{2}$$

将式（2）代入式（1），得 $$\frac{r+b}{r}=\frac{L}{l} \tag{3}$$

由式（3）得 $$r=\frac{bl}{L-l}$$

按圆心角关系式求得 $$\alpha=\frac{2\pi R-L}{2\pi R}\times360°=\frac{2\pi R-L}{\pi R}\times180°$$

根据 D、d、S 计算出 R、r、L、l、α 之后，即可画出圆柱正螺旋面的近似展开图。

 提示

实际加工时，不必剪掉 α 角，即在剪缝处直接绕卷成螺旋面达到节省材料、错开焊缝的目的。

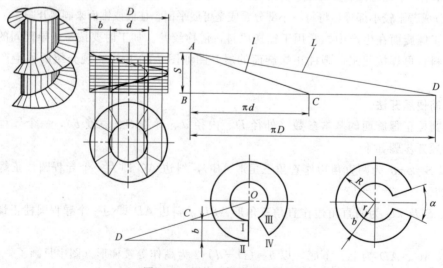

图 7-10 圆柱正螺旋面的展开图

第8章　焊　接　图

8.1　焊缝标记

焊接因其连接可靠、施工简单而被广泛应用。两零件连接结合处称为焊缝。
焊接形式如图 8-1 所示。

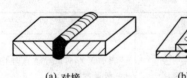　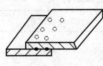　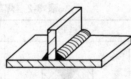　

(a) 对接　　　　　　　(b) 搭接　　　　　　　(c) T形接　　　　　　(d) 角接

图 8-1　焊接形式

焊缝基本符号见表 8-1。

表 8-1　焊缝基本符号

序号	名称	示意图	符号	序号	名称	示意图	符号
1	卷边焊缝		八	3	V 形焊缝		$\vee$
2	I 形焊缝		‖	4	单边 V 形焊缝		$\vee$

续表

序号	名称	示意图	符号	序号	名称	示意图	符号
5	带钝边V形焊缝	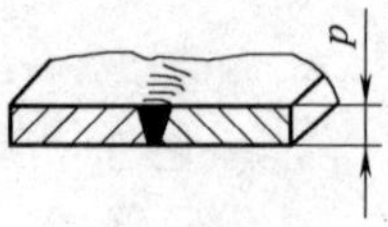		10	角焊缝	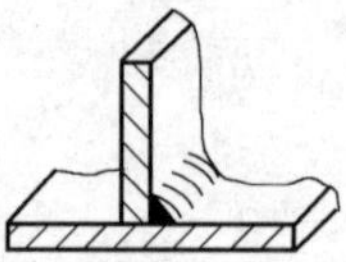	
6	带钝边单边V形焊缝			11	塞焊缝或槽焊缝	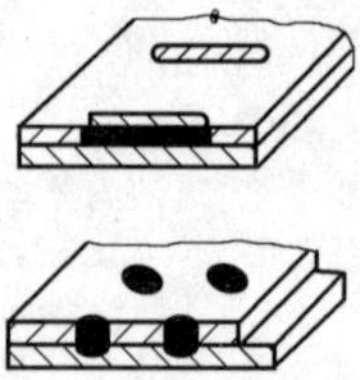	
7	带钝边U形焊缝	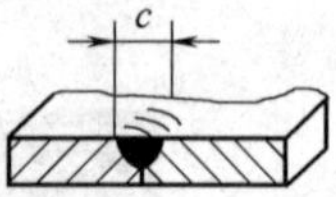		12	点焊缝	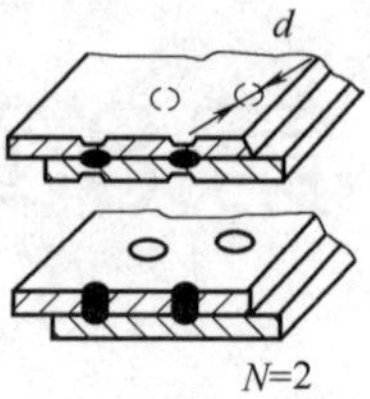	
8	带钝边J形焊缝			13	缝焊缝	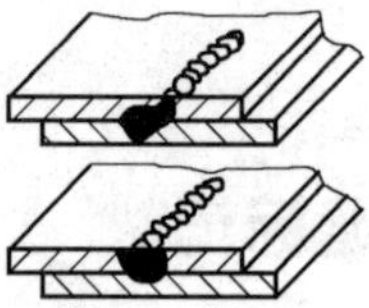	
9	封底焊缝						

焊缝辅助符号见表 8-2 所示，不需要确切地说明焊缝的表面形状时，可以不用辅助符号。

表 8-2 焊缝辅助符号

名称	符号	焊缝形式	标注示例	说明
平面符号	—		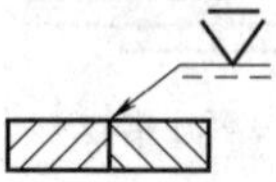	表示 V 形对接焊缝表面平齐（一般通过加工）
凹面符号	⌣	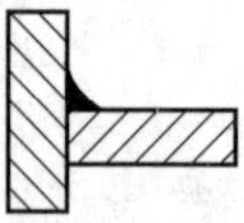	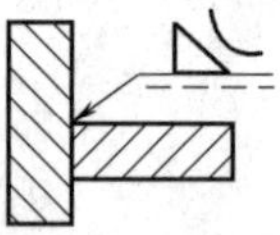	表示角焊缝表面凹陷
凸面符号	⌒		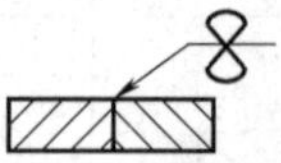	表示双面 V 形对接焊缝表面凸起

焊缝补充符号是为了补充说明焊缝的某些特征而采用的符号，见表 8-3。

引出线一般由带箭头的指引线和两条基准线（一条为实线，一条为虚线）两部分组成，如图 8-2 所示。

表8-3 焊缝补充符号

名称	符号	焊缝形式	标注示例	说明
带垫板符号	 ▢	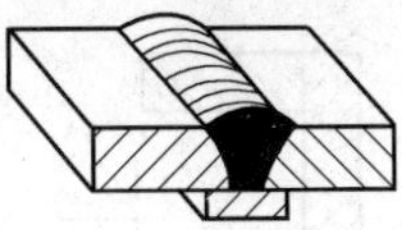	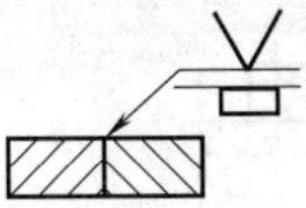	表示V形焊缝的背面底部有垫板
三面焊缝符号	⊏	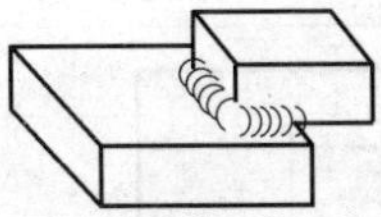	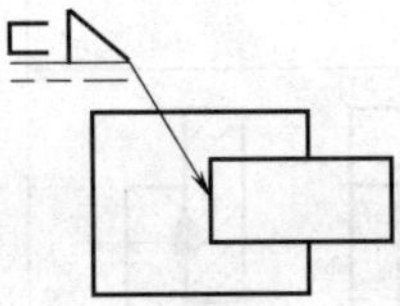	工件三面施焊,为角焊缝
周围焊缝符号	 ○	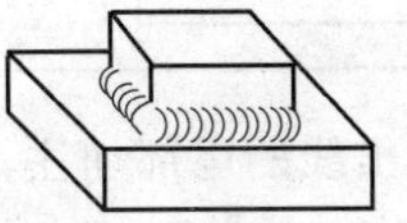	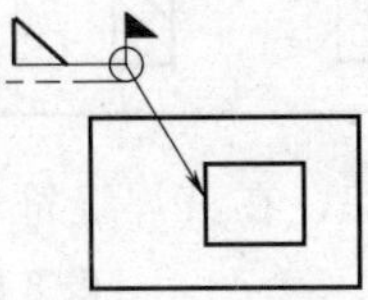	表示在现场沿工件周围施焊,为角焊缝
现场施工符号	 ◣			
尾部符号	 ＜		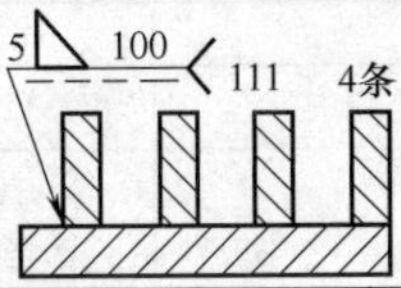 5 ◢ 100 ＞ 111 4条	"111"表示用手工电弧焊,"4条"表示有4条相同的角焊缝,焊缝高为5mm,长为100mm

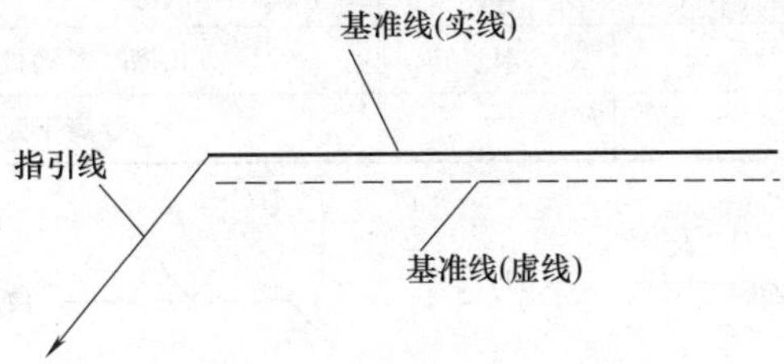

图 8-2 引出线

焊缝标注示例见表8-4。

表8-4 焊缝标注示例

接头形式	焊缝形式	标注示例	说 明
对接接头	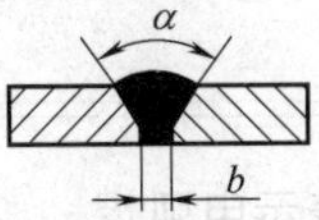	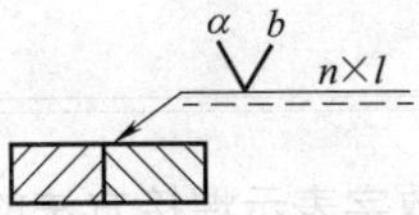 α b $n \times l$	表示V形焊缝的坡口角度为 α,根部间隙为 b,有 n 段长度为 l 的焊缝
T形接头	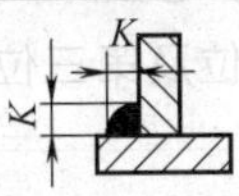	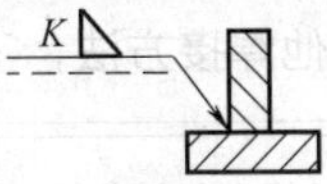 K	表示单面角焊缝,焊脚高为 K
	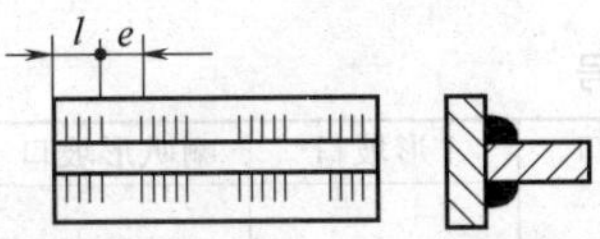	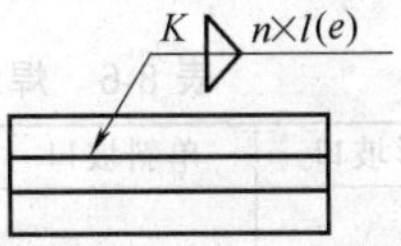 K $n \times l(e)$	表示有 n 段长度为 l 的双面断续角焊缝,间隔为 e,焊脚高为 K
	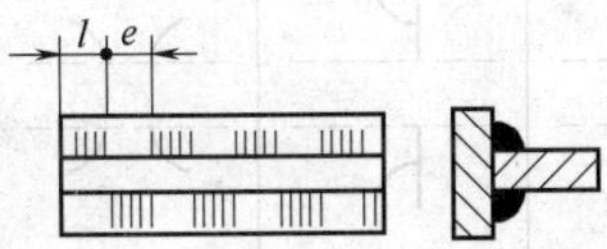	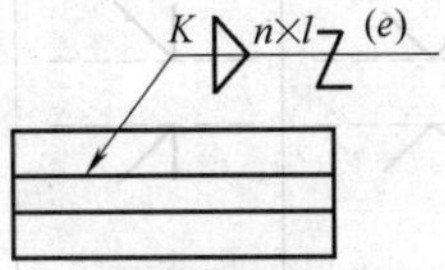 K $n \times l$ (e)	表示有 n 段长度为 l 的双面交错断续角焊缝,间隔为 e,焊脚高为 K

续表

接头形式	焊缝形式	标注示例	说　明
角接接头			表示为双面焊接,上面为单边 V 形焊缝,下面为角焊缝
搭接接头			表示有 n 个焊点的点焊,焊接直径为 d,焊点的间隔为 e

焊接方法代号见表 8-5,在其焊缝符号引出线的尾部加注,如图 8-3 所示。

表 8-5　焊接方法代号

焊接方法	代号	焊接方法	代号
手弧焊(涂料焊条熔化极电弧焊)	111	MIG 焊(含氧化极氩弧焊)	131
埋弧焊	12	MAG 焊(含 CO_2 气体保护焊)	135
丝极埋弧焊	121	非惰性气体保护药芯焊丝电弧焊	136
带极埋弧焊	122		
氧-乙炔焊	311	TIG 焊(含钨极氩弧焊)	141
电渣焊	72	等离子弧焊	15

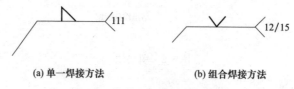

(a) 单一焊接方法　　　　　(b) 组合焊接方法

图 8-3　焊接方法代号标注示例

提示

　　焊接方法代号中第一位数字表示焊接方法的分类,如 1 表示电弧焊, 2 表示电阻焊, 3 表示气焊, 7 表示电渣焊等其他焊接方法, 9 表示钎焊,第二位及第三位数字为细分类号。

焊缝坡口符号见表 8-6。

表 8-6　焊缝坡口符号

不开坡口	斜对接	V 形坡口	单斜坡口	U 形坡口	J 形坡口	喇叭形坡口	单喇叭形坡口

8.2 焊接识图典型实例

 按规定标注焊缝并说明含义（图8-4、图8-5）。

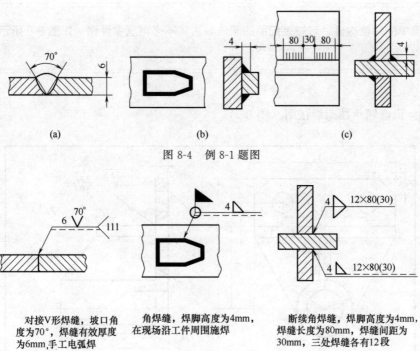

图8-4 例8-1题图

对接V形焊缝，坡口角度为70°，焊缝有效厚度为6mm,手工电弧焊

(a)

角焊缝，焊脚高度为4mm，在现场沿工件周围施焊

(b)

断续角焊缝，焊脚高度为4mm，焊缝长度为80mm，焊缝间距为30mm，三处焊缝各有12段

(c)

图8-5 例8-1答案

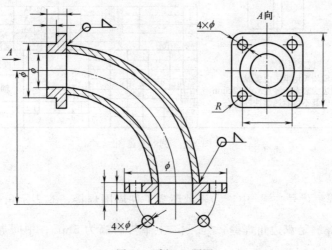 解释焊接符号的含义（图8-6）。

图8-6 例8-2题图

解析

：上、下法兰与弯管两端均为角焊缝，周边焊接。

提示

对于简单的焊接构件，可按装配图的画法表达，不必再画零件图，如图 8-6 所示的弯管焊接图。

例 8-3　识读轴承挂架焊接图（图 8-7）。

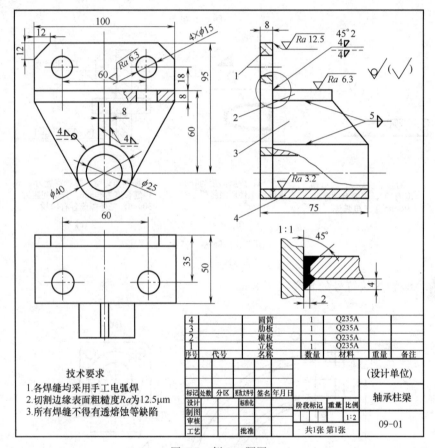

图 8-7　例 8-3 题图

解析

主视图中的焊缝代号 $\overset{4}{-}$ 中，○表示环绕工件周围焊接，⊿表示角焊缝，焊脚高度为 4mm。肋板的边焊缝是双边角焊缝，$\overset{5}{\triangleright}$ 上下焊脚高为 5mm；中间焊脚高为 4mm。局部放大图是 V 形焊缝加角焊缝。

提示

金属焊接图的特色是在表达清楚构件形状的基础上，用焊接符号和代号说明焊接要求。

例 8-4 识读反应釜釜盖焊接图（图 8-8）。

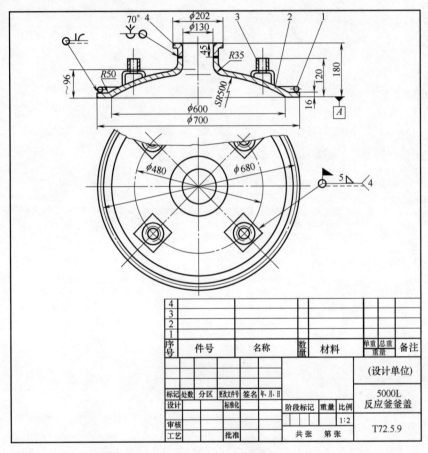

图 8-8　例 8-4 题图

解析

主视图中的焊缝代号 表示管口与盖体的焊接为钝边 V 形焊缝，对接间隙 b 为

1mm，坡口角度 α 为 70°，焊缝为周边封底焊。焊缝代号 表示圆弧与平面之间的喇叭形

（单边）焊缝，环绕一周。俯视图中的焊缝代号 表示周边角焊缝，焊脚高度为

5mm，共有 4 处，现场焊。

提示

• 对于复杂的焊接构件，焊接图相当于装配工作图，可着重表达焊缝要求，忽略零件的结构形状。

• 每个零件应另画零件图，除反应釜釜盖焊接图之外，还有与其相匹配的零件图。

第9章 管 路 图

9.1 概述

 提示

以下各种符号、代号供参考。

(1) 管道符号、代号

① 管道代号　见表 9-1。

表 9-1　管道代号

名称	图例	备注
生活给水管	—— J ——	
热水给水管	—— RJ ——	
热水回水管	—— RH ——	
中水给水管	—— ZJ ——	
循环给水管	—— XJ ——	
循环回水管	—— XH ——	
热媒给水管	—— RM ——	
热媒回水管	—— RMH ——	
蒸汽管	—— Z ——	

名称	图例	备注
凝结水管	—— N ——	
废水管	—— F ——	可与中水源水管合用
压力废水管	—— YF ——	
通气管	—— T ——	
污水管	—— W ——	
压力污水管	—— YW ——	
雨水管	—— Y ——	
压力雨水管	—— YY ——	
膨胀管	—— PZ ——	

② 管路图中常用的图例符号　见表9-2。

表9-2　管路图中常用的图例符号

名称	图例符号	备注
裸管	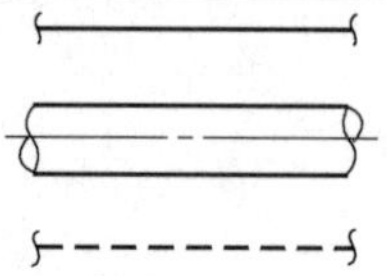	单线表示小直径管,双线表示大直径管,虚线表示暗管或埋地管
保护管	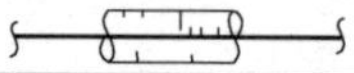	例如保温管、保冷管
蒸汽伴热管道		
电伴热管道		
夹套管道	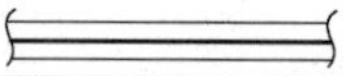	
软管		例如橡胶管
翅管	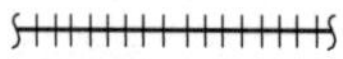	例如翅型加热管
管道连接		平焊法兰连接
		对焊(高颈)法兰连接
		活套法兰连接
		承插连接
		螺纹连接
		焊接连接
法兰盖(盲板)	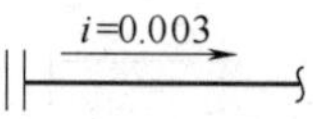 $i=0.003$	表示坡度 3‰,箭头表示坡向
电动阀	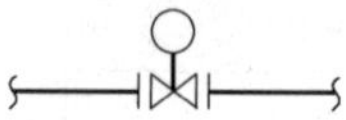	注明型号
球阀	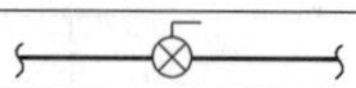	注明型号
蝶阀	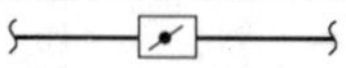	注明型号
角阀	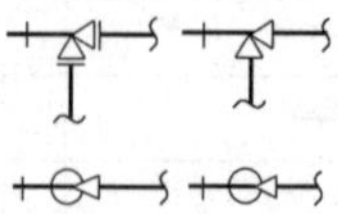	注明型号

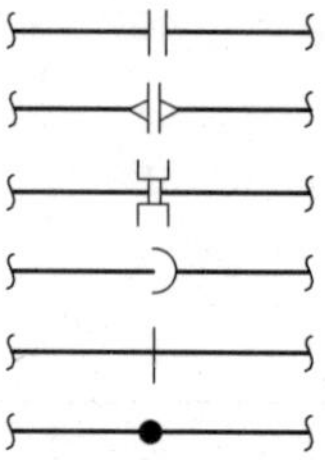

名称	图例符号	备注
90°弯管（向上弯）	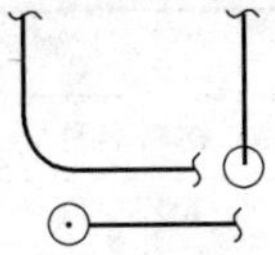	俯视图中竖管断口画成圆，圆心画点，横管画至圆周；左视图中横管面成圆，竖管画至圆心
90°弯管（向下弯）	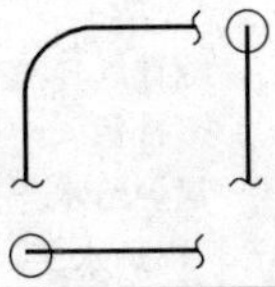	俯视图中竖管断口画成圆，横管画至圆心；左视图中横管成圆，竖管画至圆心
管路投影相交	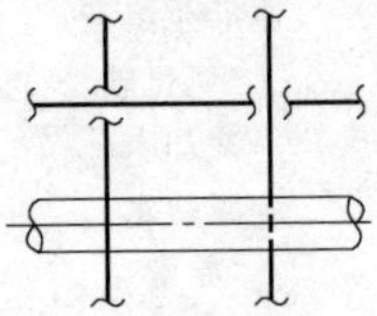	其画法可把下面被遮盖部分的投影断开或画成虚线，也可将上面可见管道的投影断裂表示
管路投影重合		画法是将上面管道断裂表示
隔膜阀		注明型号
减压阀	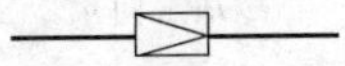	注明型号
止回阀	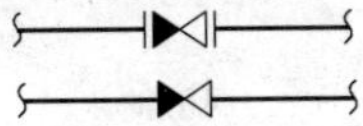	注明型号
平台面符号		
安全阀	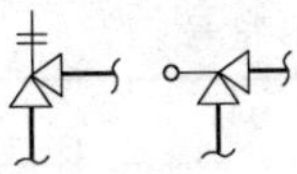	弹簧式与垂锤式注明型号
来回弯（45°）	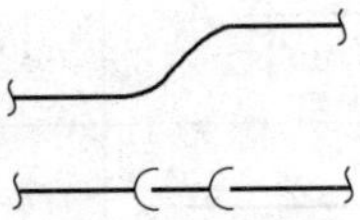	俯视图中两次45°拐弯画成半圆表示
三通	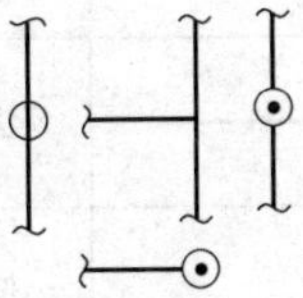	俯视图中竖管断口画成圆，圆心画成点，横管画至圆周；左视图中横管断口画成圆，圆心画点，竖管画至圆心；右视图中横管画成圆，竖管通过圆心
管段编号、规格的标注和介质流向箭头	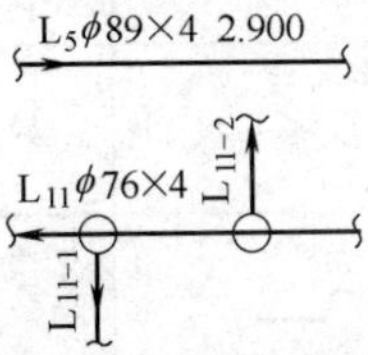 $L_5\phi89\times4$ 2.900 $L_{11}\phi76\times4$ $L_{11\text{-}2}$ $L_{11\text{-}1}$	L_5为管路编号；$\phi89\times4$为管材规格；箭头表示介质流向；2.900为管路标高；L_{11}为总管编号；$L_{11\text{-}1}$、$L_{11\text{-}2}$为支管编号
地面符号		
截止阀（螺纹连接）	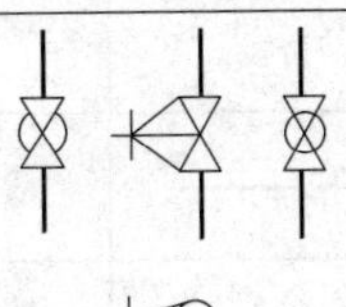	注明型号

③ 管道中的物料代号（表9-3）

表9-3　管道中的物料代号

汉语拼音字母代号				英文字母代号			
代号	物料名称	代号	物料名称	代号	物料名称	代号	物料名称
S	工业用水（上水）	YA	液氨	A	工艺空气	ME	甲醇系
X	下水	A	气氨	AC	酸	MS	中压蒸汽
XS	循环上水	Z	蒸汽	AG	酸性气体	N	氮气
XS′	循环回水	K	空气	BD	排污	NA	丙烯腈
SS	生活用水	D_1	氮气和惰性气体	BF	锅炉给水	NG	天然气
FS	消防用水	D_2	仪表用氮气	BW	锅炉水	NH	氨
RS	热水	ZK	真空	CAB	本菲尔溶液	OX	氧气
RS′	热水回水	F	放空、火炬系统	CO	二氧化碳	PA	工厂空气
DS	低温水	M	煤气、燃料气	CW	冷却水	PG	工艺气体
DS′	低温水回水	RM	有机载热体	DM	脱盐水	PW	工艺水
YS	冷冻盐水	Y	油	DR	导淋	PV	安全线
YS′	冷冻盐水回水	RY	燃料油	DW	饮用水	RW	未处理的水
HS	化学软水	LY	润滑油	FG	燃料气	SC	蒸汽冷凝液
TS	脱盐水	MY	密封油	HS	高压蒸汽	SG	合成气
NS	凝结水	YQ	氧气	HW	冷却水回水	SO	密封油
DS	排污水	YS	压缩空气	IA	仪表空气	ET	乙烯
CS	酸性下水	YF	通风	LA	醛系	TW	处理水
JS	碱性下水	YI	乙炔	LO	润滑油	V	放空
E	二氧化碳	QQ	氢气	LS	低压蒸汽	VE	真空排放

④ 管道连接、阀门图形符号（表9-4）

表9-4　管道连接、阀门图形符号

图形符号	说明	图形符号	说明
	弯折管 表示管道向后弯90°		挡墩
	弯折管 表示管道向前弯90°		管堵
	存水弯		法兰堵盖
	方形地漏		偏心异径管
	自动冲洗箱		异径管
	雨水斗		乙字管
	排水漏斗		喇叭口
	圆形地漏		活接头
	阀门套筒		转动接头

图形符号	说明	图形符号	说明
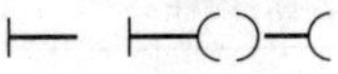	管接头	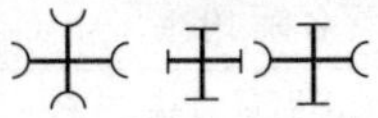	正圆通
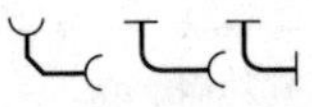	弯管	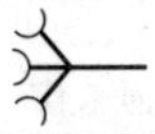	斜圆通
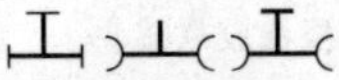	正三通	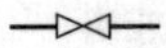	阀门 用于一张图内只有一种阀门
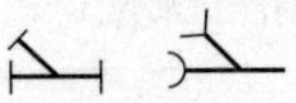	斜三通		电动阀

⑤ 化工反应罐等图形符号（表 9-5）

表 9-5　化工反应罐等图形符号

名称	图形符号	名称	图形符号
手动加油枪（柱）	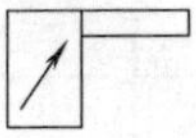	罐内旋转喷射混合器	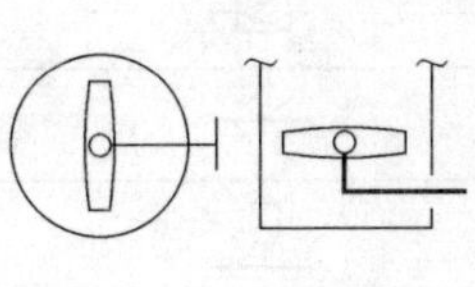
孔板		固定顶罐	
管间盲板		内浮顶罐	
8字盲板		外浮顶罐	
漏斗		球形罐	
同心异径管接头		卧式罐	
偏心异径管接头		带加热罐	
锥形过滤器	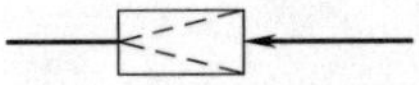		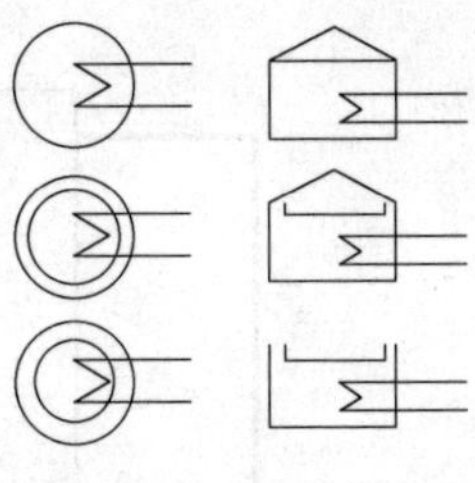
Y形过滤器	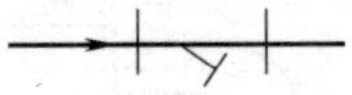		
过滤器			
疏水器	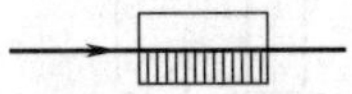		
阻火器	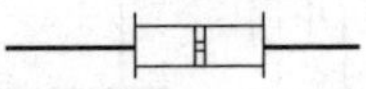	旋风分离器	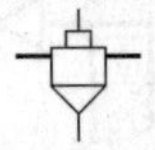
装卸鹤管		立式分离器	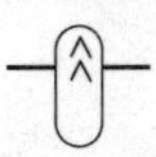

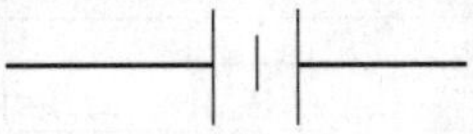

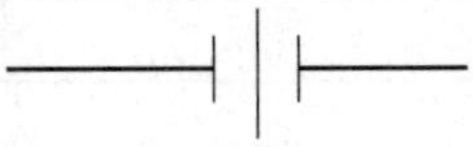

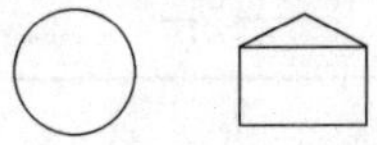

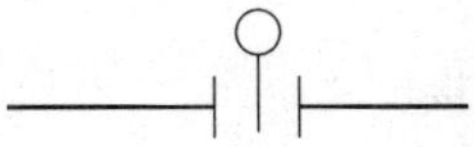

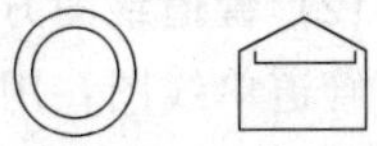

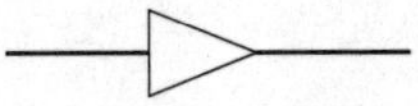

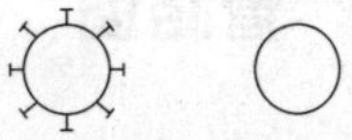

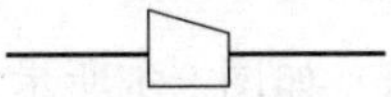

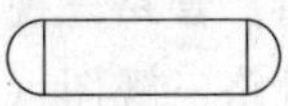

⑥ 给、排水系统图例（表 9-6）

表 9-6　给、排水系统图例

图例	名称、附注	图例	名称、附注
L_1	空调供水管	$i=0.003$	坡度及坡向
L_2	空调回水管		浮球阀
	截止阀		可曲挠橡胶软接头
	闸阀	LQ	空调冷却水管
	球阀	P	膨胀管
	快速排污阀		水泵
	止回阀		差压旁通阀
	减压阀		压力表
	平衡阀		温度计
	自动排气阀		Y 形过滤器
	波纹管补偿器		

（2）管道绘图方式

管道单线图：用一根轴线表示管路走向及连接。

管道双线图：用两根线（中间的轴线不可省略）表示管路走向及连接。

9.2　管路图

（1）管路三视图

管路三视图（正立面图、侧立面图、水平面图）如图 9-1 所示。

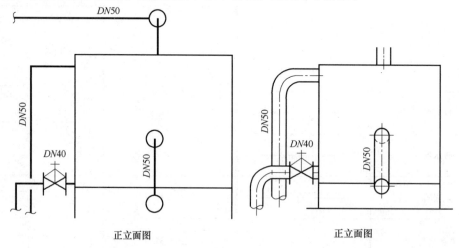

正立面图　　　　　　　　　　　正立面图

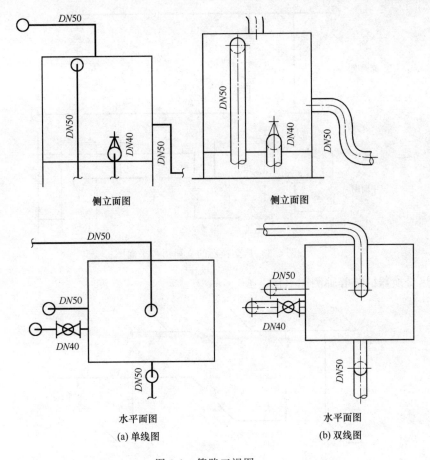

侧立面图   侧立面图

水平面图   水平面图

(a) 单线图   (b) 双线图

图 9-1 管路三视图

(2) 管路空视图

　　管路空视图又称管段图，按正等测投影绘图。它是表达一段管道及其管件、阀门、控制点等布置情况的立体图样。由于便于识读，利于施工，为了加快安装进度，确保施工质量，往往采用这种图示方法。空视图可以不按比例，但布置要匀称、整齐、合理，即各种阀门、管件的大小及在管道中的位置要比例协调。

(3) 斜等轴测图

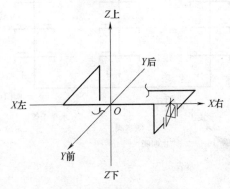

图 9-2 管路斜等轴测图

　　建筑等行业，为了绘制方便，还采用管路的斜等轴测图，这与机械制图中应用的斜二等轴测图有所不同。由于 Y 轴测轴的变形系数为 0.5，不便于度量，在管道轴测图中往往采用斜等轴测图，即 X、Y、Z 三轴测轴的变形系数均为 1（均为实际尺寸）。这可以说是管路空视图的扩展，如图 9-2 所示。

(4) 绘图示例

　　① 热交换器的立面图和平面图（图 9-3）

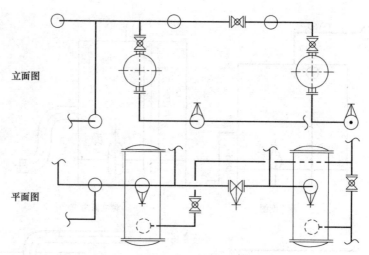

图 9-3　热交换器的立面图和平面图

② 热交换器的斜等轴测图（图 9-4）

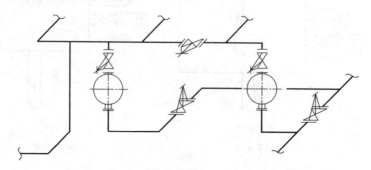

图 9-4　热交换器的斜等轴测图

③ 没有水箱的室内给水系统管路空视图（图 9-5）

④ 有水箱的室内给水系统管路空视图（图 9-6）

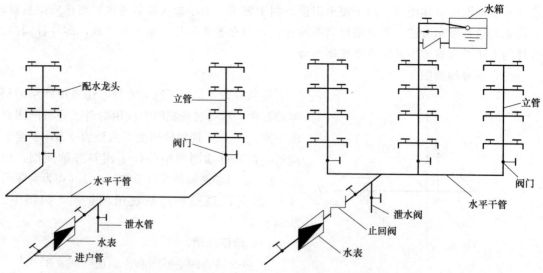

图 9-5　没有水箱的室内给水系统管路空视图　　　图 9-6　有水箱的室内给水系统管路空视图

⑤ 设有水泵的室内供水系统管路空视图（图 9-7）

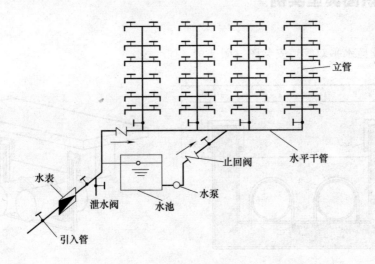

图 9-7　设有水泵的室内供水系统管路空视图

⑥ 设有水箱、水泵的室内供水系统管路空视图（图 9-8）

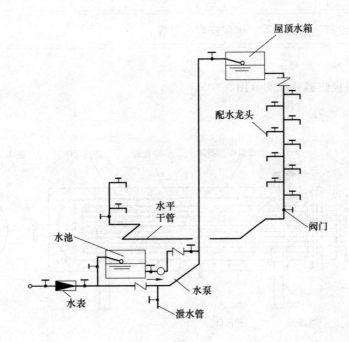

图 9-8　设有水箱、水泵的室内供水系统管路空视图

9.3 管路识图典型实例

例 9-1 读懂水平双管道安装图（图 9-9）。

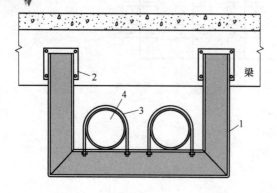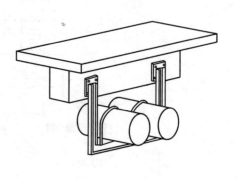

图 9-9 例 9-1 题图

解析

四个构件：1—槽钢；2—连接板；3—管码；4—管道。

提示

管道安装，设置适当的管架，确保安全、可靠。

例 9-2 读懂换热器装配图（图 9-10）。

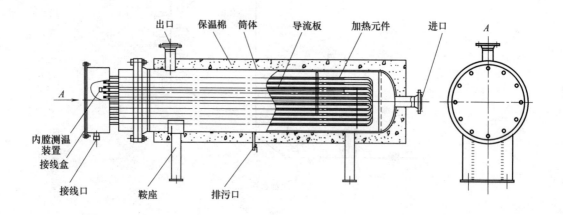

图 9-10 例 9-2 题图

解析

① 表达方案：两个基本视图（主视图、左视图）；主视图中采取局部剖，显示内部加热元件形状及排列状况。

② 按要求将筒体固定在鞍座上，合理连接管道。

 读懂流量计安装图（图 9-11）。

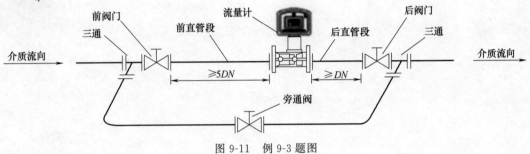

图 9-11 例 9-3 题图

解析

① 表达方案：采用斜等轴测图表达，直观。

② 按要求将流量计固定在管路中，合理接管。

参 考 文 献

［1］ 孙凤翔. 钣金展开图画法及典型实例. 北京：化学工业出版社，2015.
［2］ 孙凤翔. 机械工人识图 100 例. 北京：化学工业出版社，2011.
［3］ 孙焕利. 机械制图. 北京师范大学出版社. 2014 .